高等职业技术教育建筑设备类专业"十四五"规划
新型"活页式"教材

安装工程工程量清单编制

（建筑设备类专业适用）

主　编　韦　宇　黄　宇

副主编　李　静　甘　泉　杜永明

参　编　侯杰琴　陈萍萍　林　麟

主　审　周　舟

武汉理工大学出版社

·武　汉·

内 容 简 介

安装工程造价(安装工程计量与计价)是建筑设备类专业的核心课程,本书从高职建筑设备类专业所对应的安装工程造价员必须掌握的专业知识与岗位职业能力着手,融合思政教育,以学生为主体,强调理实一体化。

本书结合《建设工程工程量清单计价规范》(GB 50500—2013)、《通用安装工程工程量计算规范》(GB 50856—2013),按照安装工程造价工作流程分步编排内容,将安装工程造价员岗位职业能力、施工图识读、安装工程造价专业知识融合编写。

本书共分五大模块,内容包括电气设备安装工程工程量清单编制,智能化系统设备安装工程工程量清单编制,给排水工程工程量清单编制,通风空调工程工程量清单编制,刷油、防腐蚀、绝热工程工程量清单编制,涵盖民用建筑安装工程造价基本知识点。此外,本书还包含安装工程造价基本知识、斯维尔安装算量(for CAD)软件使用指南、博奥清单计价软件使用指南等三个附录,以方便学生及学习者学习行业相关基本知识和相关软件操作知识。

本书适合高职设备类专业学生和建筑设备类工程造价从业人员及相关专业的学习者使用。

图书在版编目(CIP)数据

安装工程工程量清单编制/韦宇,黄宇主编. —武汉:武汉理工大学出版社,2023.11
ISBN 978-7-5629-6943-3

Ⅰ.①安…　Ⅱ.①韦…　②黄…　Ⅲ.①建筑安装-工程造价-编制-中国　Ⅳ.①TU723.3

中国国家版本馆 CIP 数据核字(2023)第 239725 号

项目负责人:戴皓华		责任编辑:戴皓华	
责 任 校 对:张莉娟		排版设计:芳华时代	

出 版 发 行:武汉理工大学出版社
社　　　　址:武汉市洪山区珞狮路 122 号
邮　　　　编:430070
网　　　　址:http://www.wutp.com.cn
经　　　　销:各地新华书店
印　　　　刷:武汉市洪林印务有限公司
开　　　　本:787×1092　1/16
印　　　　张:19.5
字　　　　数:487 千字
版　　　　次:2023 年 11 月第 1 版
印　　　　次:2023 年 11 月第 1 次印刷
印　　　　数:2000 册
定　　　　价:59.00 元

凡购本书,如有缺页、倒页、脱页等印装质量问题,请向出版社发行部调换。
本社购书热线电话:027-87391631　87664138　87523148

前　言

为适应新时代职业教育发展的需求,全面落实立德树人的根本任务,本书基于职业岗位能力进行编写,将知识、技能和能力、思政教育融合为一体。

1. 教材引领,构建岗位需要的知识和能力体系

安装工程计量与计价课程是高职院校设备类专业的核心专业课程之一,安装工程造价专业技能是学生必备的专业技能之一。安装工程计量与计价课程具有理论知识强(规范与规则条目多,不容易理解)、实操技能强、与实际岗位职业能力高度契合等特点。本书结合大量常见工程案例,在案例中对理论知识进行深入解析,力求将理论知识具体化。

本书在编写过程中,与企业深度合作,深入契合安装工程造价员实际工作岗位能力需求,以职业能力为导向,采用项目任务教学法,强调理实一体,教材形式采用新型活页式,按照"以学生为中心、职业能力为本位,学习成果为导向,促进自主学习"理念设计。通过教材引领,构建深度学习管理体系,力求实现"所学即为所用,学完即可上岗"的目标。

教材内容涵盖了电气设备安装工程,智能化系统设备安装工程,给排水工程,通风空调工程,刷油、防腐蚀、绝热工程等常见安装工程基本知识与内容。

2. 课程体系与教材基本设计思路

(1)产教融合,双元开发

本书以职业能力为本位,在编写过程中,与广西盛元华工程咨询有限公司、深圳市斯维尔科技股份有限公司、南宁市博闻软件技术有限责任公司(博奥软件)深度合作,以确保教材内容更符合职业能力的培养与训练要求。

(2)以职业能力为本位

本书依据《高等职业学校专业教学标准(试行)》编写,紧贴当前高职教育的教学改革要求,并以项目教学为主导,以职业能力培养为核心,适应高等职业教育教学改革的发展方向。

(3)模块课程的学习体系

本书将每一个工作任务分解成若干工作模块,以典型工作任务案例对应模块课程的典型工作任务。以完成工作模块中的工作任务需要的知识、能力和技能而设计的课程学习体系,符合实际工作程序和工作规范要求,有明确的工作流程。

3. 有机整合课程思政内容

本书提供了基本思政元素,将爱国主义、人文精神、科学精神、工匠精神、合作精神、创新精神以及社会主义核心价值观融入知识点中,将思政教育融入教学中。

本书由广西建设职业技术学院韦宇、黄宇任主编,广西建设职业技术学院周舟主审,广西建设职业技术学院李静和甘泉、深圳市斯维尔科技股份有限公司杜永明任副主编,广西建设职业技术学院侯杰琴、南宁市博闻软件技术有限责任公司陈萍萍、广西盛元华工程咨询有限公司

林麟参编。其中韦宇负责模块一、模块五、附录一、附录二、附录三编写，并负责全书统稿，黄宇负责模块二编写，李静负责模块四编写，甘泉负责模块三编写，侯杰琴、林麟参与附录一编写，陈萍萍参与附录二编写，杜永明参与附录三编写。广西盛元华工程咨询有限公司、深圳市斯维尔科技股份有限公司、南宁市博闻软件技术有限责任公司给予了部分技术支持。

由于编者水平有限，加之编写时间仓促，书中尚有不足之处，恳请读者批评指正。

编　者

2023 年 10 月

目　录

模块一 电气设备安装工程工程量清单编制

项目一 照明、动力系统工程量清单编制

任务一 配电箱工程量清单编制

一、任务描述

依据所给设计资料，完成配电箱工程量清单编制（设计资料请扫描二维码 1-1 下载）。

二、学习目标

(1)掌握配电箱工程量清单编制方法；
(2)掌握配电箱项目名称及项目特征描述的基本要求；
(3)掌握配电箱工程量计算规则。

二维码 1-1 配电箱
工程量清单编制
所需资料

三、任务分析

(1)重点
掌握配电箱工程量清单编制方法。
(2)难点
①配电箱分项的基本原则与方法；
②配电箱项目名称及项目特征描述的基本要求。

四、相关知识链接

(1)配电箱识图基础
配电箱常用图例符号如图 1-1 所示，配电箱系统图如图 1-2 所示。

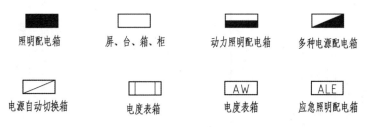

图 1-1 配电箱常用图例符号

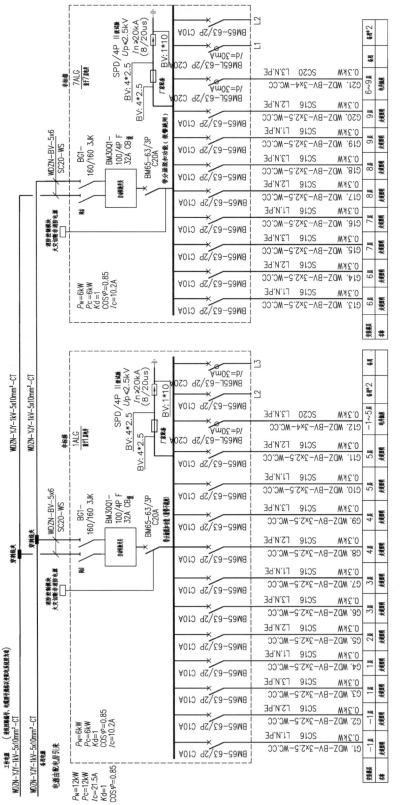

图1-2 配电箱系统图

配电箱常用以下英文符号标注：

AL:照明配电箱;AP:双电源动力配电箱;ALE:应急照明配电箱;AT:动力配电箱;AW:电度表箱。如:3AL1,表示位于3楼序号为1的照明配电箱;5ALE2,表示位于5楼序号为2的应急照明配电箱等,具体情况应根据设计资料说明而定。

（2）配电箱工程量清单编制

①清单编码:030404017　配电箱。

②项目特征:名称、型号、规格、基础形式、材质;接线端子材质、规格;端子板外部接线材质、规格;安装方式等。

③计算规则:按设计图示数量计算。

④计算单位:台。

⑤工作内容:本体安装;基础型钢制作、安装;焊、压接线端子;补刷(喷)油漆;接地。

（3）配电箱工程量清单编制注意事项

①列项及计算工程量时的注意事项

区分配电箱的名称、型号、规格、安装方式等特征列项计算,依据设计习惯,不同的配电箱应配不同的系统图,故可按系统图来编制工程量清单;

注意区分动力配电箱与设备控制箱(设备控制箱通常与设备本身按整套设备计算);

工程量应结合平面图与系统原理图分析确定。

②项目名称及项目特征描述时的注意事项

配电箱中只要有电表,就应计算电表数量;

双电源配电箱、双电源切换开关价格较高,故习惯在项目名称及项目特征描述中将"双电源"特征进行描述,以便后期准确计价;

配电箱常见安装方式主要有:挂墙明装、嵌墙暗装、落地式安装等,应在项目名称及项目特征描述中将安装方式依据设计资料准确描述。

③其他

部分省、直辖市、自治区编制的补充规范中,落地式配电箱安装未包含基础型钢的制作、安装内容,基础型钢的制作、安装应另行列项计算;未包含接线端子安装内容,如需要接线端子,也应另行列项计算。

基础型钢的工程量广西执行【桂 030404037 基础型钢】,以"m"为单位计算,基础型钢制作、安装应说明型钢类型、规格等信息,常用槽钢。

落地式配电箱基础槽钢的工程量计算方法是,配电箱的底长和宽相加再乘以2,比如配电箱规格为:800 mm×2500 mm×600 mm,其所用槽钢量为(0.8+0.6)×2=2.8 m。

（4）配电箱工程量清单编制示例

【例1-1】　根据所给图纸资料(二维码1-2),完成平面图中配电箱工程量清单编制,并依据计算结果填写工程量清单表。

二维码1-2
例1-1 所需资料

【解】　经计算,得本例工程量清单如表 1-1 所示。

表 1-1　分部分项工程和单价措施项目清单与计价表(配电箱)

工程名称:配电箱工程　　　　　　　　　　　　　　　　　　　　　第 1 页 共 1 页

序号	项目编码	项目名称及 项目特征描述	计量 单位	工程量	金额(元)		
					综合 单价	合价	其中: 暂估价
分部分项工程							
		B4 电气设备安装工程					
1	030404017001	1AL1 照明配电箱　非标　嵌墙暗装(1个电表) 箱内元件按系统图	台	1			
2	030404017002	1AL2 照明配电箱　非标　嵌墙暗装(1个电表) 箱内元件按系统图	台	1			
3	030404017003	2AL1 照明配电箱　非标　嵌墙暗装(1个电表) 箱内元件按系统图	台	1			
4	030404017004	2AL2 照明配电箱　非标　嵌墙暗装(1个电表) 箱内元件按系统图	台	1			
5	030404017005	1KT1 空调配电箱　非标　嵌墙暗装(1个电表) 箱内元件按系统图	台	1			
6	030404017006	1KT2 空调配电箱　非标　嵌墙暗装(1个电表) 箱内元件按系统图	台	1			
7	030404017007	2KT1 空调配电箱　非标　嵌墙暗装(1个电表) 箱内元件按系统图	台	1			
8	030404017008	2KT2 空调配电箱　非标　嵌墙暗装(1个电表) 箱内元件按系统图	台	1			
9	030404017009	ZKX(SJX)电源配电箱　非标　嵌墙暗装 箱内元件按系统图	台	2			

注:工程量计算表(略)。

【解析】

①第 1 到第 8 项,根据系统图,箱内有电表,应在项目名称及项目特征描述中表述出来,并应注明电表数量;

②第 9 项,ZKX 与 SJX 配电箱共用系统图,如图 1-3 所示,表明这两配电箱的箱体以及箱内元件组成相同,其型号、规格、安装方式等信息相同,可列为一项,按 2 台计算,因此,在计算配电箱时,ZKX 与 SJX 可以按一个配电箱系统列一项来统计计算。

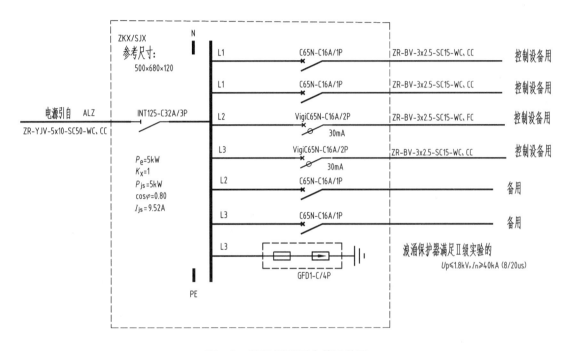

图 1-3　ZKX/SJX 配电箱系统图

五、思想政治素养养成

培养学生分析问题、解决问题的能力。

六、任务分组(表 1-2)

表 1-2　任务分组单(配电箱)

班级		指导老师	
组长姓名		组长学号	
成员 1,学号:　　　　　　姓名: 任务描述:			
成员 2,学号:　　　　　　姓名: 任务描述:			
成员 3,学号:　　　　　　姓名: 任务描述:			
成员 4,学号:　　　　　　姓名: 任务描述:			

说明:小组成员自愿组合,原则上不超过 4 名同学为一小组。

七、任务成果表（表 1-3）

表 1-3　任务成果表（配电箱）

序号	项目编码	项目名称及项目特征描述	计算单位	工程量

说明：行数不够请自行添加。

八、小组互评表(表1-4)

表1-4　小组互评表(配电箱)

班级		学号		姓名		得分	
评价指标		评价内容				分值	评价分数
信息检索能力		能自觉查阅规范,将查到的知识运用到学习中				5分	
课堂学习情况		是否认真听课,进行有效笔记;是否在课堂中积极思考、回答问题,并学有所获				10分	
沟通交流能力		积极主动与小组成员沟通交流,共同讨论,气氛和谐,并在和谐、平等、互相尊重的基础上,与小组成员共同提高与进步				5分	
知识能力		掌握了清单编码的编制与运用规则				20分	
		掌握了工程量计算规则,并准确地完成工程量计算				20分	
		掌握了项目名称及项目特征描述的基本要求				20分	
		掌握了分项的基本方法并能依据所给资料将所需计算的内容正确进行分项计算				20分	
全体组员签名						年　　月　　日	

说明:本表应由组长组织全体组员,客观公正地对全组成员进行合理评价。

九、教师评价表(表1-5)

表1-5　教师评价表(配电箱)

班级		姓名		学号		分值	评价分数
作品完成度		1.项目编码是否准确				15分	
		2.是否能正确对计算内容进行分项计算				15分	
		3.是否能准确描述项目名称				15分	
		4.工程量是否准确或在合理的误差范围内				15分	
课堂及平时表现		1.是否按时完成作业				5分	
		2.考勤				10分	
		3.课堂表现是否突出,认真听课,认真思考并积极回答问题、解决问题				5分	
自主学习情况		1.是否主动查阅相关信息资料自主学习				10分	
		2.是否能与组内成员积极探讨,达成共识				10分	
总分							

任务二　照明器具工程量清单编制

一、任务描述

依据所给设计资料(二维码 1-3),完成照明器具工程量清单编制。

二维码 1-3　照明
器具工程量清单
编制所需资料

二、学习目标

(1)掌握照明器具工程量清单编制方法;
(2)掌握照明器具项目名称及项目特征描述的基本要求;
(3)熟练掌握照明器具工程量计算规则,并能独立完成相应工程量计算。

三、任务分析

(1)重点
掌握照明器具工程量清单编制方法。
(2)难点
①照明器具分项的基本原则与方法;
②照明器具项目名称及项目特征描述的基本要求。

四、相关知识链接

照明器具主要包括各类灯具、照明开关、插座、电铃、风扇等。
(1)照明器具工程量清单编制
①各类灯具工程量清单编制
建筑物内常见的灯具主要有各类普通吸顶灯、荧光灯、壁灯、应急照明灯、各类诱导疏散指示灯等,按清单规则分,常见的灯具主要有普通灯具、装饰灯、荧光灯等。
清单编码:030412001 普通灯具;
项目特征:名称、型号、规格、类型;
计量单位:套;
工程量计算规则:按设计图示数量计算;
工作内容:本体安装。
清单编码:030412004 装饰灯;
项目特征:名称、型号、规格、安装形式;
计量单位:套;
计算规则:按设计图示数量计算;
工作内容:本体安装。
清单编码:030412005 荧光灯;
项目特征:名称、型号、规格、安装形式;
计量单位:套;
工作内容:本体安装。

②照明开关工程量清单编制

清单编码:030404034 照明开关;

项目特征:名称、材质、规格、安装方式;

计量单位:套;

计算规则:按设计图示数量计算;

工作内容:本体安装、接线。

③插座工程量清单编制

清单编码:030404035 插座;

项目特征:名称、材质、规格、安装方式;

计量单位:套;

计算规则:按设计图示数量计算;

工作内容:本体安装、接线。

④风扇工程量清单编制

清单编码:030404033 风扇;

项目特征:名称、型号、规格、安装方式;

计量单位:台;

计算规则:按设计图示数量计算;

工作内容:本体安装、调速开关安装。

(2)照明器具工程量清单编制注意事项

①灯具工程量清单编制注意事项

普通灯具主要包括圆球吸顶灯、半圆球吸顶灯、方形吸顶灯、软线吊灯、座头灯、吊链灯、防水吊灯、壁灯等;

装饰灯包括吊式艺术装饰灯、吸顶艺术装饰灯、荧光艺术装饰灯、几何型组合艺术装饰灯、标志灯、诱导装饰灯、水下(上)艺术装饰灯、点光源艺术灯、歌舞厅灯具、草坪灯具等,其中特别要指出的是出口灯、应急照明灯、疏散指示灯应按装饰灯具套用清单编码计算;

应急荧光灯应按荧光灯套用清单编码计算;

项目名称及项目特征描述应注明各类灯具的名称、型号、规格、安装方式等,灯具的安装方式主要有吸顶安装、壁装、嵌入式安装以及吊装等;

各类具有应急功能的照明灯具应根据设计要求注明应急时间要求。

②照明开关工程量清单编制注意事项

照明开关应区分控数、联数以及安装方式计算,照明开关的安装方式主要有明装与暗装两种;

照明开关项目名称及项目特征描述应注明其名称、型号、规格、安装方式,同时也应注明其控数与联数。

③插座工程量清单编制注意事项

应区分插座的名称、型号、规格、安装方式以及孔数、是否带开关、是否带防溅盖板、单三相插座等分别列项计算;

插座的项目名称及项目特征描述应注明其名称、型号、规格、安装方式、孔数、是否带开关、是否带防溅盖板等基本信息;

卫生间及开放式阳台处安装的插座应按带防溅盖板插座计算。

④风扇工程量清单编制注意事项

风扇类主要包括壁扇、吊风扇以及排气扇等;

吊风扇工作内容已经包括相应的调速开关安装内容,调速开关不需要另行列项计算;

排气扇应注意区分安装方式列项计算,并在项目名称及项目特征描述中注明其安装方式,排气扇的安装方式主要有壁装与吸顶式安装两种。

(3)照明器具工程量清单编制示例

【例1-2】　根据所给资料(二维码1-4),完成图中的各类灯具、照明开关、插座及风扇的工程量清单编制。

【解】　经计算,得本例工程量清单如表1-6所示。

二维码1-4

例1-2所需资料

表1-6　分部分项工程和单价措施项目清单与计价表(照明器具)

工程名称:照明器具工程　　　　　　　　　　　　　　　　　　　　　　　　　　　　第1页 共1页

序号	项目编码	项目名称及项目特征描述	计量单位	工程量	金额(元)		
					综合单价	合价	其中:暂估价
		分部分项工程					
		B4 电气设备安装工程					
1	030412001001	吸顶灯　型号甲方定　1×22 W×FL 220 V	套	64			
2	030412001002	节能灯　型号甲方定　1×13 W×FL 220 V 壁装	套	32			
3	030412001003	裸灯　型号甲方定　1×15 W×FL 220 V 吸顶安装	套	576			
4	030412004001	出口指示灯　型号甲方定　1×3 W× LED,220 V 壁装 应急时间>60 min	套	16			
5	030412004002	双头应急灯　型号甲方定　1×8 W× LED,220 V 壁装 应急时间>60 min	套	32			
6	030404034001	一位单极开关　型号甲方定　250 V 10 A 暗装	套	304			
7	030404034002	二位单极开关　型号甲方定　250 V 10 A 暗装	套	48			
8	030404034003	三位单极开关　型号甲方定　250 V 10 A 暗装	套	80			
9	030404034004	四位单极开关　型号甲方定　250 V 10 A 暗装	套	16			
10	030404034005	自熄节能开关　型号甲方定　250 V 10 A 暗装	套	72			
11	030404035001	普通插座 暗装　250 V 10 A　安全型五孔 型号甲方定	套	560			
12	030404035002	壁挂式空调插座 暗装 250 V 16 A　安全型三孔 型号甲方定	套	144			

续表 1-6

序号	项目编码	项目名称及项目特征描述	计量单位	工程量	综合单价	合价	其中：暂估价
					金额（元）		
13	030404035003	空调柜机插座 暗装 250 V 16 A 安全型三孔 型号甲方定	套	48			
14	030404035004	抽油烟机插座 暗装 250 V 10 A 安全型三孔 型号甲方定	套	48			
15	030404035005	电冰箱插座 暗装 250 V 10 A 安全型三孔 型号甲方定	套	48			
16	030404035006	空气源热泵插座 暗装 250 V 16 A 安全型三孔 型号甲方定	套	48			
17	030404035007	洗衣机插座 暗装 250 V 10 A 安全型三孔 型号甲方定 带防溅盖板	套	48			
18	030404035008	热水器插座 暗装 250 V 16 A 安全型三孔 型号甲方定 带防溅盖板	套	96			
19	030404035009	卫生间插座 250 V 10 A 安全型五孔 型号甲方定 带防溅盖板	套	96			
20	030404033001	卫生间排气扇 墙上安装	台	96			

【解析】

①各类照明器具项目名称及项目特征描述应描述其安装方式；

②应急类诱导或照明灯具应依据设计图描述其应急时间长度；

③卫生间或开放式阳台处的插座，应加装防溅盖板，在项目名称及项目特征描述中加以说明；

④排气扇应描述其安装方式，如：墙上安装、吸顶安装等。

本例工程量计算表见表 1-7。

表 1-7   工程量计算表（照明器具）

工程名称：照明器具工程   第 1 页 共 5 页

编号	工程量计算式	单位	标准工程量	定额工程量
	单价措施项目			
	分部分项项目			
	B4 电气设备安装工程			
030412001001	吸顶灯 型号甲方定 1×22 W×FL 220 V	套	64	64
	64		64	64
B4-1745	普通灯具安装 吸顶灯具 灯罩周长 2000 mm 以内	10 套	64	6.4

编号	工程量计算式	单位	标准工程量	定额工程量
	//奇数层,共 8 层			
＝8	5＋3		64	6.4
030412001002	节能灯　型号甲方定　1×13 W×FL　220 V 壁装	套	32	32
	32		32	32
B4-1751	其他普通灯具　座灯头	10 套	32	3.2
	//奇数层,共 8 层			
水、电井＝8	2＋2		32	3.2
030412001003	裸灯　型号甲方定　1×15 W×FL　220 V 吸顶安装	套	576	576
	576		576	576
B4-1751	其他普通灯具　座灯头	10 套	576	57.6
	//奇数层,共 8 层			
A 户型＝32	12		384	38.4
B 户型＝16	12		192	19.2
030412004001	出口指示灯　型号甲方定　1×3 W×LED　220 V 壁装	套	16	16
	应急时间＞60 min			
	16		16	16
B4-1846	装饰灯具安装　标志灯、诱导装饰灯、应急灯 墙壁式	10 套	16	1.6
	//奇数层,共 8 层			
＝8	1＋1		16	1.6
030412004002	双头应急灯　型号甲方定　1×8 W×LED　220 V 壁装	套	32	32
	应急时间＞60 min			
	32		32	32
B4-1846	装饰灯具安装　标志灯、诱导装饰灯、应急灯 墙壁式	10 套	32	3.2
	//奇数层,共 8 层			
＝8	2＋2		32	3.2
030404034001	一位单极开关　型号甲方定　250 V 10 A 暗装	套	304	304
	304		304	304
B4-0412	开关、按钮、插座安装　开关及按钮　翘板暗开关(单控) 单联	10 套	304	30.4
	//奇数层,共 8 层			
A 户型＝32	6		192	19.2
B 户型＝16	5		80	8
水、电井＝8	2＋2		32	3.2

续表 1-7

编号	工程量计算式	单位	标准工程量	定额工程量
030404034002	二位单极开关　型号甲方定　250 V 10 A　暗装	套	48	48
	48		48	48
B4-0413	开关、按钮、插座安装　开关及按钮　翘板暗开关(单控)双联	10 套	48	4.8
	//奇数层,共8层			
A 户型＝32	1		32	3.2
B 户型＝16	1		16	1.6
030404034003	三位单极开关　型号甲方定　250 V 10 A　暗装	套	80	80
	80		80	80
B4-0414	开关、按钮、插座安装　开关及按钮　翘板暗开关(单控)三联	10 套	80	8
	//奇数层,共8层			
A 户型＝32	2		64	6.4
B 户型＝16	1		16	1.6
030404034004	四位单极开关　型号甲方定　250 V 10 A　暗装	套	16	16
	16		16	16
B4-0415	开关、按钮、插座安装　开关及按钮　翘板暗开关(单控)四联	10 套	16	1.6
	//奇数层,共8层			
B 户型＝16	1		16	1.6
030404034005	自熄节能开关　型号甲方定　250 V 10 A　暗装	套	72	72
	72		72	72
B4-0427	开关、按钮、插座安装　各类延时开关	10 套	72	7.2
	//奇数层,共8层			
＝8	5＋4		72	7.2
030404035001	普通插座　暗装　250 V 10 A　安全型五孔　型号甲方定	套	560	560
	560		560	560
B4-0436	单、三相暗插座　单相暗插座10A 5孔	10 套	560	56
	//奇数层,共8层			
A 户型＝32	11		352	35.2
B 户型＝16	13		208	20.8
030404035002	壁挂式空调插座　暗装　250 V 16 A　安全型三孔　型号甲方定	套	144	144

编号	工程量计算式	单位	标准工程量	定额工程量
	144		144	144
B4-0440	单、三相暗插座　单相暗插座 16 A 以下　3 孔	10 套	144	14.4
	//奇数层,共 8 层			
A 户型＝32	3		96	9.6
B 户型＝16	3		48	4.8
030404035003	空调柜机插座　暗装　250 V 16 A　安全型三孔　型号甲方定	套	48	48
	48		48	48
B4-0440	单、三相暗插座　单相暗插座 16 A 以下　3 孔	10 套	48	4.8
	//奇数层,共 8 层			
A 户型＝32	1		32	3.2
B 户型＝16	1		16	1.6
030404035004	抽油烟机插座　暗装　250 V 10 A　安全型三孔　型号甲方定	套	48	48
	48		48	48
B4-0435	单、三相暗插座　单相暗插座 10 A　3 孔	10 套	48	4.8
	//奇数层,共 8 层			
A 户型＝32	1		32	3.2
B 户型＝16	1		16	1.6
030404035005	电冰箱插座　暗装　250 V 10 A　安全型三孔 型号甲方定	套	48	48
	48		48	48
B4-0435	单、三相暗插座　单相暗插座 10 A　3 孔	10 套	48	4.8
	//奇数层,共 8 层			
A 户型＝32	1		32	3.2
B 户型＝16	1		16	1.6
030404035006	空气源热泵插座　暗装　250 V 16 A　安全型三孔　型号甲方定	套	48	48
	48		48	48
B4-0440	单、三相暗插座　单相暗插座 16 A 以下　3 孔	10 套	48	4.8
	//奇数层,共 8 层			
A 户型＝32	1		32	3.2
B 户型＝16	1		16	1.6

续表 1-7

编号	工程量计算式	单位	标准工程量	定额工程量
030404035007	洗衣机插座　暗装　250 V 10 A　安全型三孔　型号甲方定	套	48	48
	带防溅盖板			
	48		48	48
B4-0435	单、三相暗插座　单相暗插座10 A　3孔	10 套	48	4.8
	//奇数层,共8层			
A 户型＝32	1		32	3.2
B 户型＝16	1		16	1.6
030404035008	热水器插座　暗装　250 V 16 A　安全型三孔　型号甲方定	套	96	96
	带防溅盖板			
	96		96	96
B4-0440	单、三相暗插座　单相暗插座16 A 以下　3孔	10 套	96	9.6
	//奇数层,共8层			
A 户型＝32	2		64	6.4
B 户型＝16	2		32	3.2
030404035009	卫生间插座　250 V 10 A　安全型五孔　型号甲方定	套	96	96
	带防溅盖板			
	96		96	96
B4-0436	单、三相暗插座　单相暗插座10 A　5孔	10 套	96	9.6
	//奇数层,共8层			
A 户型＝32	2		64	6.4
B 户型＝16	2		32	3.2
030404033001	卫生间排气扇　墙上安装	台	96	96
	96		96	96
B4-0476	风扇　排气扇　墙上安装	台	96	96
	//奇数层,共8层			
A 户型＝32	2		64	64
B 户型＝16	2		32	32

计算说明:在计算工程量时,应对数据来源进行简单明了的备注,以方便后期工作开展。

五、思想政治素养养成

培养学生实事求是,科学、严谨的工作态度。

六、任务分组(表 1-8)

表 1-8　任务分组单(照明器具)

班级		指导老师	
组长姓名		组长学号	
成员 1,学号:　　　　　　姓名: 任务描述:			
成员 2,学号:　　　　　　姓名: 任务描述:			
成员 3,学号:　　　　　　姓名: 任务描述:			
成员 4,学号:　　　　　　姓名: 任务描述:			

说明:小组成员自愿组合,原则上不超过 4 名同学为一小组。

七、任务成果表(表 1-9)

表 1-9　任务成果表(照明器具)

序号	项目编码	项目名称及项目特征描述	计算单位	工程量

说明:行数不够请自行添加。

八、小组互评表（表 1-10）

表 1-10　小组互评表（照明器具）

班级		学号		姓名		得分	
评价指标		评价内容				分值	评价分数
信息检索能力		能自觉查阅规范,将查到的知识运用到学习中				5 分	
课堂学习情况		是否认真听课,进行有效笔记;是否在课堂中积极思考、回答问题,并学有所获				10 分	
沟通交流能力		积极主动与小组成员沟通交流,共同讨论,气氛和谐,并在和谐、平等、互相尊重的基础上,与小组成员共同提高与进步				5 分	
知识能力		掌握了清单编码的编制与运用规则				20 分	
		掌握了工程量计算规则,并准确地完成工程量计算				20 分	
		掌握了项目名称及项目特征描述的基本要求				20 分	
		掌握了分项的基本方法并能依据所给资料将所需计算的内容正确进行分项计算				20 分	
全体组员签名						年　　月　　日	

说明:本表应由组长组织全体组员,客观公正地对全组成员进行合理评价。

九、教师评价表（表 1-11）

表 1-11　教师评价表（照明器具）

班级		姓名		学号		分值	评价分数
作品完成度		1.项目编码是否准确				15 分	
		2.是否能正确对计算内容进行分项计算				15 分	
		3.是否能准确描述项目名称				15 分	
		4.工程量是否准确或在合理的误差范围内				15 分	
课堂及平时表现		1.是否按时完成作业				5 分	
		2.考勤				10 分	
		3.课堂表现是否突出,认真听课,认真思考并积极回答问题、解决问题				5 分	
自主学习情况		1.是否主动查阅相关信息资料自主学习				10 分	
		2.是否能与组内成员积极探讨,达成共识				10 分	
总分							

任务三 电气配管、配线工程量清单编制

一、任务描述

依据所给设计资料(二维码1-5),完成电气配管、配线及相应附属工程工程量清单编制。

二维码1-5 电气配管、配线工程量清单编制所需资料

二、学习目标

(1)掌握电气配管、配线及相应附属工程工程量清单编制方法;

(2)掌握电气配管、配线及相应附属工程项目名称及项目特征描述的基本要求;

(3)熟练掌握电气配管、配线及相应附属工程工程量计算规则,并能独立完成相应工程量计算。

三、任务分析

(1)重点

电气配管、配线及相应附属工程工程量清单编制方法。

(2)难点

电气配管、配线及相应附属工程工程量计算方法。

四、相关知识链接

(1)识图基础

电气设计平面图常以单线表示,因此,需要结合系统图、照明平面图中的标注以及设计说明来了解配管、配线及相应附属工程工程量清单编制所需要的具体信息。

如图1-4所示,n1回路利用数字标注来注明每个管段中的导线配置根数。

在图1-5中,各回路的导线配置要求与配管要求,也分别在各回路标注中注明。

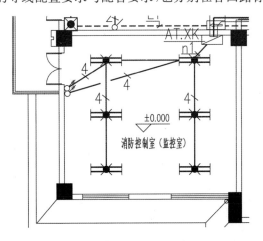

图1-4 照明平面图(局部)

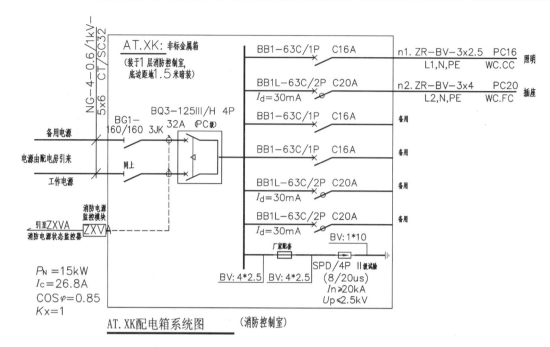

图 1-5 AT.XK 配电箱系统图

如:n1 ZR-BV-3×2.5 PC16 CC 表示 n1 回路的配管材质与规格为 PC16,配管的配置形式与配置部位为 CC,回路配置导线为 ZR-BV-2.5,应配置导线根数为 3 根,导线敷设方式为管内穿线,回路用途为照明。

根据《建筑电气制图标准》(GB/T 50786—2012),线缆敷设方式标注的文字符号见表 1-12。

表 1-12 线缆敷设方式标注的文字符号

序号	名 称	文字符号
1	穿低压流体输送用焊接钢管(钢导管)敷设	SC
2	穿普通碳素钢电线套管敷设	MT
3	穿可挠金属电线保护套管敷设	CP
4	穿硬塑料导管敷设	PC/PVC
5	穿阻燃半硬质塑料导管敷设	FPC
6	穿塑料波纹电线管敷设	KPC
7	电缆托盘敷设	CT
8	电缆梯架敷设	CL
9	金属槽盒敷设	MR
10	塑料槽盒敷设	PR
11	钢索敷设	M
12	直埋敷设	DB
13	电缆沟敷设	TC
14	电缆排管敷设	CE

线缆敷设部位标注的文字符号见表 1-13。

表 1-13　线缆敷设部位标注的文字符号

序号	名　　称	文字符号
1	沿或跨梁(屋架)敷设	AB
2	沿或跨柱敷设	AC
3	沿吊顶或顶板面敷设	CE
4	吊顶内敷设	SCE
5	沿墙面敷设	WS
6	沿屋面敷设	RS
7	暗敷设在顶板内	CC
8	暗敷设在梁内	BC
9	暗敷设在柱内	CLC
10	暗敷设在墙内	WC
11	暗敷设在地板或地面下	FC

(2)电气配管、配线工程工程量清单编制

①电气配管工程工程量清单编制

清单编码:030411001 配管;

项目特征:名称、材质、规格、配置形式、接地要求、钢索材质及规格;

计量单位:米;

计算规则:按设计图示尺寸以长度计算;

工作内容:电线管路敷设、钢索架设(拉紧装置安装)、预留沟槽、接地。

②电气配线工程工程量清单编制

清单编码:030411004 配线;

项目特征:名称、配线形式、型号、规格、材质、配线部位、配线线制、钢索材质及规格;

计量单位:米;

计算规则:按设计图示尺寸以单线长度计算(含预留长度);

工作内容:配线、钢索架设(拉紧装置安装)、支持体(夹板、绝缘子、槽板等)安装。

③凿沟槽及所凿沟槽恢复工程工程量清单编制

当电气配管沿建筑物墙、楼板暗敷设时,要注意计算配管所需的凿沟槽及所凿沟槽恢复工程工程量。

清单编码:030413002 凿(压)槽;

项目特征:名称、规格、类型、填充(恢复)方式、混凝土标准;

计量单位:米;

计算规则:按设计图示尺寸以长度计算;

工作内容:开槽、恢复处理。

（3）电气配管、配线工程工程量清单编制注意事项

①电气配管

电气配管的配置形式主要有砖、混凝土结构明配或暗配、钢结构支架暗配、钢索配管等，较常见的是砖、混凝土结构明配或暗配等。

常用的电气配管的材质主要有 SC 管、PC(PVC)管以及 JDG(KBG)管等。

在进行项目名称及项目特征描述时应注意依据系统图、设计说明等资料，将电气配管的材质、规格、配置形式、配置部位完整描述。

电气配管的工程量计算：按设计图示长度，以"米"为单位计算，不扣除管路中间接线箱（盒）、灯头盒、开关盒所占长度。

配管长度＝水平长度＋竖直长度。

配管的水平长度应依据设计平面图量取，不扣除管路中间的接线盒（箱）、灯头盒、开关盒所占长度。

配管的竖直长度应结合配管的敷设部位，楼层高度，配电箱、开关、插座等设备材料的安装高度等因素计算。

如图 1-6 所示，当配管沿楼顶板敷设时，配管竖直长度计算方法如下：

配管竖直长度 $L=H-h$，式中 H 为楼层高度，h 为设备安装高度。

如图 1-7 所示，当配管沿楼地板敷设时，配管的各段竖直长度则分别等于设备的安装高度，即 $L=h_1$ 或 h_2。

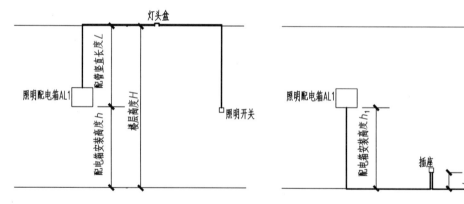

图 1-6　配管沿楼顶板敷设时，管竖直长度计算　　　图 1-7　配管沿楼地板敷设时，管竖直长度计算

当某管段中的配线根数与系统图不符时，配管规格应按设计说明调整计算，若设计说明无，应按相应规格调整，如照明平面图中，因照明开关控制需要，导致各管段中的导线根数与系统图不符，设计说明中有相应说明，如图 1-8 所示。

2. 配电线路敷设及其选型：

普通照明线路及应急照明线路分别采用 WDZ-BYJ-450/750V 及 WDZN-BYJ－450/750V

铜芯塑料线暗敷，其中 2.5mm² 配电线管线配合如下：1~3 根穿 PC16，4~5 根穿 PC20，6~7 根穿 PC25，8 根及以上分 2 根管敷设。

图 1-8　照明回路电气配管规格设计说明示例

电气配管在以下情况时，应增加 1 个接线盒的工程量：

管长每超过 30 m,无弯时;管长每超过 20 m,有 1 个弯时;管长每超过 12 m,有 2 个弯时;管长每超 8 m,有 3 个弯时。

②电气配线

在建筑物中,常用的电气配线敷设方式主要为管内穿线与线槽布线;

电气配线应区分照明线路与动力线路计算;

常见的导线材质主要有铜芯导线与铝芯导线;

导线预留长度应按表 1-14 计算。

表 1-14　导线进入箱、柜、板的预留长度

序号	项　　目	预留长度(m)	说明
1	各种开关、柜、板	宽+高	盘面尺寸
2	单独安装(无箱、盘)的铁壳开关、闸刀开关、启动器、线槽进出线盒等	0.3	从安装对象中心算起
3	由地面管子出口引至动力接线箱	1.0	从管口计算
4	电源与管内导线连接(管内穿线与软、硬母线接点)	1.5	从管口计算
5	出户线	1.5	从管口计算

此外,导线在照明开关、灯具、插座等处的预留长度应按各省、市、自治区规定计算。例如,广西规定如下:

灯具、开关、插座、按钮等安装定额不含预留线,预留线长度按表 1-15 规定列入导线工程计算。

表 1-15　灯具、开关、插座、按钮等预留线长度

序号	项　　目	预留线长度(m)
1	灯具、开关、插座(电热插座、空调柜机插座除外)、按钮	1.0
2	电热插座、空调柜机插座	0.5
3	其他小型电器	0.5

③凿沟槽及所凿沟槽恢复

凿槽、刨沟应区分墙体结构计算,如区分砖结构及混凝土结构,在混凝土结构墙中已按预埋施工的管段无须再计算凿沟槽及所凿沟槽恢复工作;

多根管子并排敷设时,凿槽、刨沟及所凿沟槽恢复工程量应按单根管延长米计算。

(6)电气配管、配线及相应附属工程工程量清单编制示例

【例 1-3】　根据所给图纸资料(二维码 1-6),完成图 1-9 中电气配管、配线及凿沟槽及所凿沟槽恢复工程工程量清单编制,并依据计算结果填写工程量清单表。

【解】　依据上述基本知识,经计算,得本例工程量清单如表 1-16 所示。

二维码 1-6
例 1-3 所需资料

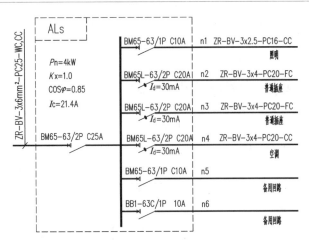

ALs照明配电箱系统图

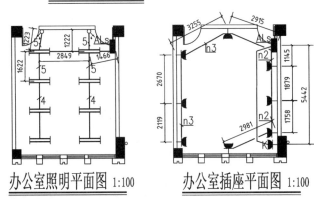

办公室照明平面图 1:100　　　办公室插座平面图 1:100

说明：楼层高3.0m，ALs配电箱嵌墙暗装规格150X170X80，安装高度1.4m，照明开关安装高度1.3m，普通插座安装高度0.3m，壁挂式空调插座安装高度2.0m。

普通照明线路及应急照明线路分别采用铜芯塑料线暗敷，其中2.5mm²配电线路管线配合如下：
1～3根穿PC16，4～5根穿PC20，6～7根穿PC25，8根以上分管敷设。

图1-9　配管、配线平面设计图

表1-16　分部分项工程和单价措施项目清单与计价表（电气配管、配线）

工程名称：电气配管、配线工程　　　　　　　　　　第1页 共1页

序号	项目编码	项目名称及项目特征描述	计量单位	工程量	综合单价	合价	其中：暂估价
		分部分项工程					
		B4 电气设备安装工程					
1	030411001001	电气配管　砖、混凝土结构楼板墙暗配 PC16	m	9.16			
2	030411001002	电气配管　砖、混凝土结构楼板墙暗配 PC20	m	46.07			
3	030411004001	管内穿线　照明线路　ZR-BV-2.5 mm²	m	96.86			
4	030411004002	管内穿线　照明线路　ZR-BV-4 mm²	m	113.11			
5	030413002001	凿(压)槽及恢复（公称管径20 mm以内）	m	9.80			

本例工程量计算表见表1-17。

表 1-17　工程量计算表（电气配管、配线）

工程名称:电气配管、配线工程　　　　　　　　　　　　　　　　　　　　　　　第 1 页 共 2 页

编号	工程量计算式	单位	标准工程量	定额工程量
单价措施项目				
分部分项项目				
B4 电气设备安装工程				
030411001001	电气配管　砖、混凝土结构楼板墙暗配　PC16	m	9.16	9.16
	9.16		9.16	9.16
B4-1537	砖、混凝土结构楼板墙暗配　刚性阻燃管公称口径(mm 以内) 16	100 m	9.16	0.0916
	//ALs			
n1 ZR-BV-3×2.5	(3−1.4)+1.466+2.849+1.622×2		9.16	0.0916
030411001002	电气配管　砖、混凝土结构楼板墙暗配　PC20	m	46.07	46.07
	46.07		46.07	46.07
B4-1538	砖、混凝土结构楼板墙暗配　刚性阻燃管公称口径(mm 以内) 20	100 m	46.07	0.4607
	//ALs			
n1 ZR-BV-4×2.5	1.622×2		3.24	0.0324
n1 ZR-BV-5×2.5	1.222+1.223+1.622×2+(3−1.3)×2		9.09	0.0909
n2 ZR-BV-3×4	(1.4)+1.145+1.879+1.758+2.980+(0.3)×7		11.26	0.1126
n3 ZR-BV-3×4	(1.4)+2.915+3.255+2.670+2.099+(0.3)×7		14.44	0.1444
n4 ZR-BV-3×4	(3−1.4)+5.442+(3−2)		8.04	0.0804
030411004001	管内穿线　照明线路　ZR-BV-2.5 mm²	m	96.86	96.86
	96.858		96.86	96.86
B4-1564	管内穿线　照明线路　铜芯　导线截面(mm² 以内) 2.5	100 m 单线	96.858	0.96858
	//ALs			
n1 ZR-BV-3×2.5＝3	(3−1.4)+1.466+2.849+1.622×2		27.477	0.27477
n1 ZR-BV-4×2.5＝4	1.622×2		12.976	0.12976
n1 ZR-BV-5×2.5＝5	1.222+1.223+1.622×2+(3−1.3)×2		45.445	0.45445
n1 导线预留	(0.15+0.17)×3+1×8+1×2		10.96	0.1096

续表 1-17

编号	工程量计算式	单位	标准工程量	定额工程量
030411004002	管内穿线　照明线路　ZR-BV-4 mm²	m	113.11	113.11
	113.109		113.11	113.11
B4-1565	管内穿线　照明线路　铜芯　导线截面(mm² 以内)4	100 m 单线	113.109	1.13109
n2 ZR-BV-3×4＝3	(1.4)＋1.145＋1.879＋1.758＋2.980＋(0.3)×7		33.786	0.33786
n2 导线预留	(0.15＋0.17)×3＋1×4		4.96	0.0496
n3 ZR-BV-3×4＝3	(1.4)＋2.915＋3.255＋2.670＋2.099＋(0.3)×7		43.317	0.43317
n3 导线预留	(0.15＋0.17)×3＋1×4		4.96	0.0496
n4 ZR-BV-3×4＝3	(3－1.4)＋5.442＋(3－2)		24.126	0.24126
n4 导线预留	(0.15＋0.17)×3＋1×1		1.96	0.0196
030413002001	凿(压)槽及恢复(公称管径 20 mm 以内)	m	9.80	9.80
	9.80		9.80	9.80
B4-2006	凿槽、刨沟　砖结构(公称管径 20 mm 以内)	10 m	9.80	0.980
	//ALs			
n1 ZR-BV-3×2.5	(3－1.4)		1.60	0.160
n1 ZR-BV-5×2.5	(3－1.3)×2		3.40	0.340
n2 ZR-BV-3×4	(1.4)＋(0.3)×4		2.60	0.260
n3 ZR-BV-3×4	(0.3)×4		1.20	0.120
n4 ZR-BV-3×4	(3－2)		1.00	0.100
B4-2018	所凿沟槽恢复　沟槽尺寸(公称管径 20 mm 以内){水泥砂浆 1：2.5}	10 m	9.80	0.980
	9.80		9.80	0.980

计算说明：

①在书写计算式时,应备注相应配电箱、回路、户型等基本信息,以方便后期工作的开展;

②先算配管,再算配线,配管长度＝水平长度＋竖直长度,其中竖直长度在平面图中不标出,应结合楼层高度、设备安装高度与配管敷设部位计算,配线长度＝配管长度×管内配置导线根数＋预留长度,预留长度应视各省、市、自治区规定计算。

③电气配线应视具体情况注意线路类型:照明线路或动力线路。

五、思想政治素养养成

培养学生坚韧的精神,能耐心、细心面对烦琐、重复、枯燥的本职工作,在工作中树立职业责任意识。

六、任务分组(表 1-18)

表 1-18　任务分组单(电气配管、配线)

班级		指导老师	
组长姓名		组长学号	
成员1,学号:　　　　　　姓名: 任务描述:			
成员2,学号:　　　　　　姓名: 任务描述:			
成员3,学号:　　　　　　姓名: 任务描述:			
成员4,学号:　　　　　　姓名: 任务描述:			

说明:小组成员自愿组合,原则上不超过 4 名同学为一小组。

七、任务成果表(表 1-19)

表 1-19　任务成果表(电气配管、配线)

序号	项目编码	项目名称及项目特征描述	计算单位	工程量

说明:行数不够请自行添加。

八、小组互评表(表 1-20)

表 1-20 小组互评表(电气配管、配线)

班级		学号		姓名		得分	
评价指标		评价内容				分值	评价分数
信息检索能力		能自觉查阅规范,将查到的知识运用到学习中				5分	
课堂学习情况		是否认真听课,进行有效笔记;是否在课堂中积极思考、回答问题,并学有所获				10分	
沟通交流能力		积极主动与小组成员沟通交流,共同讨论,气氛和谐,并在和谐、平等、互相尊重的基础上,与小组成员共同提高与进步				5分	
知识能力		掌握了清单编码的编制与运用规则				20分	
		掌握了工程量计算规则,并准确地完成工程量计算				20分	
		掌握了项目名称及项目特征描述的基本要求				20分	
		掌握了分项的基本方法并能依据所给资料将所需计算的内容正确进行分项计算				20分	
全体组员签名							
					年	月	日

说明:本表应由组长组织全体组员,客观公正地对全组成员进行合理评价。

九、教师评价表(表 1-21)

表 1-21 教师评价表(电气配管、配线)

班级		姓名		学号		分值	评价分数
作品完成度		1. 项目编码是否准确				15分	
		2. 是否能正确对计算内容进行分项计算				15分	
		3. 是否能准确描述项目名称				15分	
		4. 工程量是否准确或在合理的误差范围内				15分	
课堂及平时表现		1. 是否按时完成作业				5分	
		2. 考勤				10分	
		3. 课堂表现是否突出,认真听课,认真思考并积极回答问题、解决问题				5分	
自主学习情况		1. 是否主动查阅相关信息资料自主学习				10分	
		2. 是否能与组内成员积极探讨,达成共识				10分	
总分							

任务四　电缆保护套管、电力电缆工程量清单编制

一、任务描述

依据所给设计资料(二维码 1-7),完成电缆保护套管、电力电缆工程量清单编制。

二维码 1-7　电缆保护
套管、电力电缆工程量
清单编制所需资料

二、学习目标

(1)掌握电缆保护套管、电力电缆工程量清单编制方法;

(2)掌握电缆保护套管、电力电缆项目名称及项目特征描述的基本要求;

(3)熟练掌握电缆保护套管、电力电缆工程量计算规则,并能独立完成相应工程量计算。

三、任务分析

(1)重点

掌握电缆保护套管、电力电缆工程量清单编制方法。

(2)难点

电力电缆工程附加长度计算方法。

四、相关知识链接

(1)基本知识

①电缆保护套管常见敷设方式有:

埋地敷设(电缆进、出建筑物所需电缆保护套管预埋,具备一定埋深,需要计算土方挖填工程量);

沿建筑墙、楼板明(或暗)敷设。

②电缆常见敷设方式有:穿管敷设;沿桥架布放敷设;直埋敷设。

(2)电缆保护套管工程量清单编制

①清单编码:030408003 电缆保护套管;

②项目特征:名称、材质、规格、敷设方式;

③计量单位:米;

④计算规则:按设计图示尺寸以长度计算;

⑤工作内容:保护管敷设。

(3)电力电缆工程量清单编制

①清单编码:030408001 电力电缆;

②项目特征:名称、型号、规格、材质、敷设方式、部位、电压等级(kV)、地形等;

③计量单位:米;

④计算规则:按设计图示尺寸以单线长度计算(含预留长度及附加长度);

⑤工作内容:电缆敷设、揭(盖)盖板。

(4)电缆保护套管、电力电缆工程量清单编制注意事项

①在计算电缆保护套管时应该注意区分材质,常见有 SC 管与 PC(PVC)管。

②应注意区分电缆保护套管的敷设方式,电缆保护套管埋地敷设,应计算相应的土方工程量,土方工程应执行【010101007 管沟土方】以"m³"为单位计算[应注意部分省市、自治区有相应补充清单,如广西应执行【桂 030413013 土方开挖】与【桂 030413014 土方(砂)回填】分别列项计算土方挖填工程量],因电气配管规格较小,土方回填工程量不需要扣除管道所占体积,土方工程量按下式计算:

$$V = (D + 0.3 \times 2) \times H \times L$$

式中　　D——配管外径,多根配管并排敷设时,D 可按多根配管的占宽确定;

　　　　0.3——配管每边应增加的工作面;

　　　　H——沟深;

　　　　L——沟长。

③在计算电力电缆时应注意区分材质:铜芯、铝芯。

④注意区分电力电缆与控制电缆。

⑤应注意区分电力电缆的敷设方式。

如广西规定区分电力电缆普通敷设与沿竖直通道敷设计算:

当建筑物高度大于 20 m 时,电力电缆沿电井、沿直桥架敷设,应按电力电缆沿竖直通道敷设计算,除此情况之外,电力电缆沿水平桥架敷设或穿管敷设,均应按电力电缆普通敷设计算。

⑥在计算电力电缆时应视具体情况计算预留长度与附加长度(表 1-22)。

表 1-22　电缆敷设预留及附加长度

序号	项　目	预留或附加长度	说明
1	电缆敷设弛度、波形弯度、交叉	2.5%	按电缆全长计算
2	电缆进入建筑物	2.0 m	规范规定最小值
3	电缆进入沟内或吊架时引上(下)预留	1.5 m	规范规定最小值
4	变电所进线、出线	1.5 m	规范规定最小值
5	电力电缆终端头	1.5 m	检修余量最小值
6	电缆中间接头盒	两端各留 2.0 m	检修余量最小值
7	电缆进控制箱、保护屏及模拟盘、配电箱等	高+宽	按盘面尺寸计算
8	高压开关柜及低压配电盘、箱	2.0 m	盘下进出线
9	电缆至电动机	0.5 m	从电动机接线盒算起
10	厂用变压器	3.0 m	从地坪算起
11	电缆绕过梁柱等增加长度	按实计算	按被绕物的断面情况计算增加长度
12	电梯电缆与电缆架固定点	每处 0.5 m	规范规定最小值

说明:

电缆敷设弛度、波形弯度、交叉增加的 2.5%应包含其他预留长度,即按电缆全长计算;

关于电力电缆终端头的电缆检修预留长度,一根电缆应按两个终端头计算,若现场无检修预留电缆放置条件的,不需要计算(如电缆穿管敷设,电缆进、出挂墙暗装的配电箱等)。

⑦在计算电缆时,应该按【030408006 电力电缆头】以"个"为单位计算相应电缆终端头,一根电缆应按两个终端头计算,终端头类型应按设计要求确定,若设计无说明,则室内有防潮要求的可按热缩式电缆头计算,其他室内低压线路可按干包式终端头计算。

(5)电缆保护套管、电力电缆工程量清单编制示例

【例 1-4】　根据所给图纸资料(二维码 1-8),完成图 1-10、图 1-11中电缆保护套管、电力电缆工程量清单编制,并依据计算结果填写工程量清单表。

二维码 1-8　例 1-4、
例 1-5 所需资料

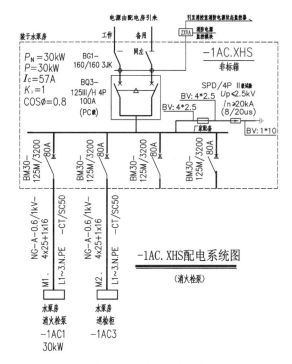

图 1-10　例 1-4 系统图

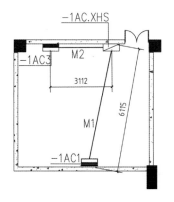

图 1-11　例 1-4 平面图

【解】　依据上述基本知识,经计算,得本例工程量清单如表 1-23 所示。本例工程量计算表见表 1-24。

表 1-23　分部分项工程和单价措施项目清单与计价表（电缆保护套管、电力电缆）

工程名称：电缆保护套管、电力电缆工程　　　　　　　　　　　　　　　　　　　　第 1 页 共 1 页

序号	项目编码	项目名称及 项目特征描述	计量 单位	工程量	金额（元）		
					综合 单价	合价	其中： 暂估价
		分部分项工程					
		B4 电气设备安装工程					
1	030408003001	电缆保护管　砖、混凝土结构明配　SC50	m	18.83			
2	030408001001	电力电缆普通敷设　NG-A-0.6/1kV-4×25+1×16	m	28.54			
3	030408006001	户内干包式电力电缆头制作、安装　NG-A-0.6/1kV-4×25+1×16	个	4			
4	030413002001	凿（压）槽及恢复（公称管径 50 mm 以内）	m	7.20			

表 1-24　工程量计算表（电缆保护套管、电力电缆）

工程名称：电缆保护套管、电力电缆工程　　　　　　　　　　　　　　　　　　　　第 1 页 共 2 页

编号	工程量计算式	单位	标准 工程量	定额 工程量
	单价措施项目			
	分部分项项目			
	B4 电气设备安装工程			
030408003001	电缆保护管　砖、混凝土结构明配　SC50	m	18.83	18.83
	18.83		18.83	18.83
B4-1438	镀锌钢管敷设　砖、混凝土结构明配　钢管公称口径（mm 以内）50	100 m	18.83	0.1883
	//—1AC.XHS			
M1	(3.9−1.5)+6.115+(3.9−1.5)		10.92	0.1092
M2	(3.9−1.5)+3.112+(3.9−1.5)		7.91	0.0791
030408001001	电力电缆普通敷设　NG-A-0.6/1kV-4×25+1×16	m	28.54	28.54
	28.54		28.54	28.54
B4-0994 换	铜芯电力电缆敷设　普通敷设　电缆（截面 mm² 以下）35	100 m	28.54	0.2854
	//—1AC.XHS			
M1=1.025	(3.9−1.5)+6.115+(3.9−1.5)		11.19	0.1119
M1 预留=1.025	1.5+1.5		3.08	0.0308
M2=1.025	(3.9−1.5)+6.115+(3.9−1.5)		11.19	0.1119
M2 预留=1.025	1.5+1.5		3.08	0.0308
030408006001	户内干包式电力电缆头制作、安装　NG-A-0.6/1kV-4×25+1×16	个	4	4
	4		4	4
B4-1049	户内干包式电力电缆头制作、安装 干包终端头（1kV 以下 截面 mm² 以下）35	个	4	4
	//—1AC.XHS			

续表 1-24

编号	工程量计算式	单位	标准工程量	定额工程量
M1	2		2	2
M2	2		2	2
030413002001	凿(压)槽及恢复(公称管径 50 mm 以内)	m	7.20	7.20
	7.20		7.20	7.20
B4-2008	凿槽、刨沟 砖结构(公称管径 50 mm 以内)	10 m	7.20	0.720
	//—1AC.XHS			
M1	(3.9−1.5)+(3.9−1.5)		4.80	0.480
M2	(3.9−1.5)		2.40	0.240
B4-2020	所凿沟槽恢复 沟槽尺寸(公称管径 50 mm 以内){水泥砂浆 1∶2.5}	10 m	7.20	0.720
	7.20		7.20	0.720

计算说明:

①敷设电缆所用保护套管应套用清单编码【030408003 电缆保护套管】;

②电力电缆附加长度"1.025"应按电缆全长计算,含预留长度;

③电力电缆终端头检修余量 1.5 m 预留长度,应在具备放置此段电缆条件下计算,本例中电力电缆穿管敷设,不具备此条件,因此不计算此预留长度。表中的预留长度计算式(1.5+1.5)分别为电力电缆进、出—1AC.XHS 配电箱、—1AC1 配电箱与—1AC3 配电箱所需的附加长度,此长度应按相应配电箱的半周长计算,此处三台配电箱均按半周长 1.5 m 考虑计算。

【例 1-5】 根据所给图纸资料(二维码 1-8),完成图 1-12 中电缆保护套管埋地敷设工程量清单编制,并依据计算结果填写工程量清单表。

【解】 依据上述基本知识,经计算,得本例工程量清单如表 1-25 所示。

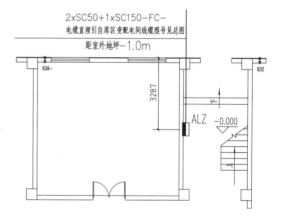

图 1-12 电缆保护套管埋地敷设工程量清单编制

表 1-25 分部分项工程和单价措施项目清单与计价表(电缆保护套管埋地敷设)

工程名称:电缆保护套管埋地敷设 第1页 共1页

序号	项目编码	项目名称及项目特征描述	计量单位	工程量	综合单价	合价	其中:暂估价
		分部分项工程					
		B4 电气设备安装工程					
1	030408003001	电缆保护管 埋地敷设 SC50	m	14.57			
2	030408003002	电缆保护管 埋地敷设 SC150	m	14.57			
3	桂 030413013001	人工挖沟槽 一般土	m³	4.07			
4	桂 030413014001	人工回填沟槽 土方	m³	4.07			

本例工程量计算表见表 1-26。

表 1-26 工程量计算表(电缆保护套管埋地敷设)

工程名称:电缆保护套管埋地敷设

编号	工程量计算式	单位	标准工程量	定额工程量
	单价措施项目			
	分部分项项目			
	B4 电气设备安装工程			
030408003001	电缆保护管 埋地敷设 SC50	m	14.57	14.57
	14.57		14.57	14.57
B4-0806	镀锌钢管埋地敷设(公称直径 mm 以内) 50	100 m	14.57	0.1457
	//进户预埋管			
=2	1.5+3.287+(1)+(1.5)		14.57	0.1457
030408003002	电缆保护管 埋地敷设 SC150	m	14.57	14.57
	14.57		14.57	14.57
B4-0809	镀锌钢管埋地敷设(公称直径 mm 以内) 150	100 m	7.29	0.0729
	//进户预埋管			
	1.5+3.287+(1)+(1.5)		7.29	0.0729
桂 030413013001	人工挖沟槽 一般土	m³	4.07	4.07
	4.07		4.07	4.07
B4-0782	人工挖填沟槽 人工挖沟槽 一般土	10m³	4.07	0.407
	(0.05×2+0.15+0.3×2)×(1.5+3.287)×1		4.07	0.407
桂 030413014001	人工回填沟槽 土方	m³	4.07	4.07
	4.07		4.07	4.07
B4-0786	人工挖填沟槽 人工回填沟槽 土方	10m³	4.07	0.407
	(0.05×2+0.15+0.3×2)×(1.5+3.287)×1		4.07	0.407

计算说明:

①式"1.5+3.287+(1)+(1.5)"中,第一个"1.5"为进户电缆保护套管从外墙皮 1.5 m 处算起(应视各省、市、自治区具体规定决定),"(1)"为管埋深 1 m,末尾"(1.5)"为配电箱安装高度;

②土方工程量计算公式为 $V=(D+0.3\times2)\times L\times H$。

本例进户预埋管为 2 根 DN50 与 1 根 DN150 管,D 按管道所占宽度计算,即"0.05×2+0.15",电气配管为薄壁管,管壁厚可忽略不计,L 为管沟水平长,即"1.5+3.287",H 为管道埋深,即"1"。

五、思想政治素养养成

培养学生大胆探索、努力钻研的精神。

六、任务分组(表 1-27)

表 1-27 任务分组单(电缆保护套管、电力电缆)

班级		指导老师	
组长姓名		组长学号	
成员 1,学号: 　　　　　　　姓名: 任务描述:			
成员 2,学号: 　　　　　　　姓名: 任务描述:			
成员 3,学号: 　　　　　　　姓名: 任务描述:			
成员 4,学号: 　　　　　　　姓名: 任务描述:			

说明:小组成员自愿组合,原则上不超过 4 名同学为一小组。

七、任务成果表(表 1-28)

表 1-28 任务成果表(电缆保护套管、电力电缆)

序号	项目编码	项目名称及项目特征描述	计算单位	工程量

说明:行数不够请自行添加。

八、小组互评表（表 1-29）

表 1-29 小组互评表（电缆保护套管、电力电缆）

班级		学号		姓名		得分	
评价指标		评价内容				分值	评价分数
信息检索能力		能自觉查阅规范，将查到的知识运用到学习中				5 分	
课堂学习情况		是否认真听课，进行有效笔记；是否在课堂中积极思考、回答问题，并学有所获				10 分	
沟通交流能力		积极主动与小组成员沟通交流，共同讨论，气氛和谐，并在和谐、平等、互相尊重的基础上，与小组成员共同提高与进步				5 分	
知识能力		掌握了清单编码的编制与运用规则				20 分	
		掌握了工程量计算规则，并准确地完成工程量计算				20 分	
		掌握了项目名称及项目特征描述的基本要求				20 分	
		掌握了分项的基本方法并能依据所给资料将所需计算的内容正确进行分项计算				20 分	
全体组员签名							
					年	月	日

说明：本表应由组长组织全体组员，客观公正地对全组成员进行合理评价。

九、教师评价表（表 1-30）

表 1-30 教师评价表（电缆保护套管、电力电缆）

班级		姓名		学号		分值	评价分数
作品完成度		1. 项目编码是否准确				15 分	
		2. 是否能正确对计算内容进行分项计算				15 分	
		3. 是否能准确描述项目名称				15 分	
		4. 工程量是否准确或在合理的误差范围内				15 分	
课堂及平时表现		1. 是否按时完成作业				5 分	
		2. 考勤				10 分	
		3. 课堂表现是否突出，认真听课，认真思考并积极回答问题、解决问题				5 分	
自主学习情况		1. 是否主动查阅相关信息资料自主学习				10 分	
		2. 是否能与组内成员积极探讨，达成共识				10 分	
总分							

任务五 桥架、线槽工程量清单编制

一、任务描述

依据所给设计资料(二维码 1-9),完成桥架、线槽工程量清单编制。

二维码 1-9 桥架、线槽工程量清单编制所需资料

二、学习目标

(1)掌握桥架、线槽工程量清单编制方法;
(2)掌握桥架、线槽项目名称及项目特征描述的基本要求;
(3)熟练掌握桥架、线槽工程量计算规则,并能独立完成相应工程量计算。

三、任务分析

(1)重点
掌握桥架、线槽工程量清单编制方法。
(2)难点
电井竖直桥架、线槽工程量计算。

四、相关知识链接

(1)桥架工程量清单编制
①清单编码:030411003 桥架;
②项目特征:名称、型号、规格、材质、类型、接地方式;
③计量单位:米;
④计算规则:按设计图示尺寸以长度计算;
⑤工作内容:本体安装、接地。
(2)线槽工程量清单编制
①清单编码:030411002 线槽;
②项目特征:名称、型号、规格;
③计量单位:米;
④计算规则:按设计图示尺寸以长度计算;
⑤工作内容:本体安装、接地。
(3)桥架、线槽工程量清单编制注意事项
①在计算桥架与线槽时应依据设计要求区分具体的材质。桥架常见材质主要有钢制金属、铝合金、琉璃钢、不锈钢等,线槽常见材质主要有金属、塑料等。
②应注意依据设计要求区分桥架类型。桥架的常见类型主要有槽式、梯式和托盘式等,设计无说明时,强电桥架在电井内沿竖直方向敷设时,可按梯式桥架计算,楼层水平桥架可按槽式桥架计算。
③在描述桥架或线槽项目特征时,应注明是否含弯头、三通、四通、盖板等配件,应依据设计要求描述桥架板材厚度。

④桥架与线槽安装,未包含所需的支、吊架制作与安装内容,未包含支、吊架相应刷油、防腐蚀工作内容,支、吊架制作与安装及刷油、防腐蚀工作应另行列项计算,桥架支架制作、安装执行【030413001 铁构件】以"kg"为单位计算。每个支架的重量,应参照具体安装图集,根据桥架与线槽规格、安装高度确定各种型钢长度,查五金密度换算而得。支架个数应视不同规格桥架与线槽的支架安装间距要求确定,铁构件制作、安装已包含相应的刷油工程,支架刷油不需要另行计算。

(4)桥架与线槽工程量清单编制示例

二维码 1-10
例 1-6 所需资料

【例 1-6】 根据所给图纸资料(二维码 1-10),完成图中桥架、线槽工程量清单编制,并依据计算结果填写工程量清单表(电井竖直桥架与地下室部分以±0.000 标高为分界线)。

【解】 依据上述基本知识,经计算,得本例工程量清单如表 1-31 所示。

表 1-31 分部分项工程和单价措施项目清单与计价表(桥架、线槽)

工程名称:桥架、线槽工程 第 1 页 共 1 页

序号	项目编码	项目名称及项目特征描述	计量单位	工程量	综合单价	合价	其中:暂估价
		分部分项工程					
		B4 电气设备安装工程					
1	030411003001	非消防负荷强电桥架 梯式金属桥架 CT400×200 含桥架三通、弯头等配件制作、安装,含桥架盖板	m	69.50			
2	030411003002	非消防负荷强电桥架 槽式金属桥架 CT200×100 含桥架三通、弯头等配件制作、安装,含桥架盖板	m	1345.05			
3	030411003003	非消防负荷强电桥架 槽式金属桥架 CT150×75 含桥架三通、弯头等配件制作、安装,含桥架盖板	m	51.07			
4	030411003004	消防强电桥架 梯式金属桥架 CT300×150 含桥架三通、弯头等配件制作、安装,含桥架盖板	m	69.50			
5	030411003005	消防强电桥架 槽式金属桥架 CT150×50	m	56.96			
6	030413001001	桥架支、吊架制作、安装	kg	3150.98			

本例工程量计算表见表1-32。

表1-32　工程量计算表(桥架、线槽)

工程名称：桥架、线槽工程

编号	工程量计算式	单位	标准工程量	定额工程量
单价措施项目				
分部分项项目				
	B4 电气设备安装工程			
030411003001	非消防负荷强电桥架　梯式金属桥架　CT400×200 含桥架三通、弯头等配件制作、安装，含桥架盖板	m	69.50	69.50
	69.50		69.50	69.50
B4-0912	钢制桥架　钢制梯式桥架(宽+高 mm 以下) 500	10 m	69.50	6.950
	//电井竖直桥架			
	(3.7)×19-(0.7+0.1)		69.50	6.950
030411003002	非消防负荷强电桥架　槽式金属桥架 CT200×100 含桥架三通、弯头等配件制作、安装，含桥架盖板	m	1345.05	1345.05
	1345.05		1345.05	1345.05
B4-0904	钢制桥架 钢制槽式桥架(宽+高 mm 以下) 200	10 m	1345.05	134.505
2~19F=18	3.125+2.950+68.650		1345.05	134.505
030411003003	非消防负荷强电桥架　槽式金属桥架　CT150×75 含桥架三通、弯头等配件制作、安装，含桥架盖板	m	51.07	51.07
	51.07		51.07	51.07
B4-0904	钢制桥架 钢制槽式桥架(宽+高 mm 以下) 200	10 m	51.07	5.107
1F	3.250+1.29+46.531		51.07	5.107
030411003004	消防强电桥架　梯式金属桥架　CT300×150 含桥架三通、弯头等配件制作、安装，含桥架盖板	m	69.50	69.50
	69.50		69.50	69.50
B4-0912	钢制桥架　钢制梯式桥架(宽+高 mm 以下) 500	10 m	69.50	6.950
	//电井竖直桥架			
	(3.7)×19-(0.7+0.1)		69.50	6.950
030411003005	消防强电桥架　槽式金属桥架　CT150×50	m	56.96	56.96
	56.96		56.96	56.96
B4-0904	钢制桥架　钢制槽式桥架(宽+高 mm 以下) 200	10 m	56.96	5.696
1F	2.897+1.318+45.942+6.800		56.96	5.696
030413001001	桥架支、吊架制作、安装	kg	3150.98	3150.98
	3150.98		3150.98	3150.98

续表 1-32

编号	工程量计算式	单位	标准工程量	定额工程量
B4-2001	一般铁构件制作安装	100 kg	3150.98	31.5098
CT150×50	56.96×1.994		113.58	1.1358
CT150×75	51.07×1.994		101.83	1.0183
CT200×100	1345.05×2.1825		2935.57	29.3557

计算说明：

①应区分非消防负荷桥架与消防负荷桥架计算；

②桥架项目特征应描述是否含配件与盖板内容；

③强电电井竖直桥架按设计确定类型，设计无说明，可按梯式金属桥架计算，楼层水平桥架按设计确定类型，设计无说明则可按槽式金属桥架计算；

④设计中桥架安装高度通常为距梁底 100 mm 处，实际施工中要结合给排水、暖通等多专业现场定位情况确定，桥架支、吊架在预算阶段只能估计，估计方法不唯一，本例按表 1-33 配比估算。

表 1-33　桥架支、吊架单位配比估算表

桥架规格 （宽 mm×高 mm）	单位支架重量(kg/m) （按最小间距 1.5m）
50×(高)	1.4822
100×(高)	1.6033
150×(高)	1.9940
200×(高)	2.1825
250×(高)	2.3710
300×(高)	2.5972
350×(高)	2.7857
400×(高)	2.9742
450×(高)	3.1627
500×(高)	3.3512
550×(高)	3.5397
600×(高)	3.7282

⑤电井竖直敷设的桥架支撑架按成品支撑架计算，区分材质、规格套用【030413001 铁构件】以"个"为单位计算。

五、思想政治素养养成

培养学生求实求真的科学态度，以及运用科学的思维方式认识事物，提高分析问题、解决问题的能力。

六、任务分组(表 1-34)

表 1-34　任务分组单(桥架、线槽)

班级		指导老师	
组长姓名		组长学号	
成员 1,学号:　　　　　　姓名: 任务描述:			
成员 2,学号:　　　　　　姓名: 任务描述:			
成员 3,学号:　　　　　　姓名: 任务描述:			
成员 4,学号:　　　　　　姓名: 任务描述:			

说明:小组成员自愿组合,原则上不超过 4 名同学为一小组。

七、任务成果表(表 1-35)

表 1-35　任务成果表(桥架、线槽)

序号	项目编码	项目名称及项目特征描述	计算单位	工程量

说明:行数不够请自行添加。

八、小组互评表(表1-36)

表1-36　小组互评表(桥架、线槽)

班级		学号		姓名		得分	
评价指标		评价内容				分值	评价分数
信息检索能力		能自觉查阅规范,将查到的知识运用到学习中				5分	
课堂学习情况		是否认真听课,进行有效笔记;是否在课堂中积极思考、回答问题,并学有所获				10分	
沟通交流能力		积极主动与小组成员沟通交流,共同讨论,气氛和谐,并在和谐、平等、互相尊重的基础上,与小组成员共同提高与进步				5分	
知识能力		掌握了清单编码的编制与运用规则				20分	
		掌握了工程量计算规则,并准确地完成工程量计算				20分	
		掌握了项目名称及项目特征描述的基本要求				20分	
		掌握了分项的基本方法并能依据所给资料将所需计算的内容正确进行分项计算				20分	
全体组员签名							
					年　　　月　　　日		

说明:本表应由组长组织全体组员,客观公正地对全组成员进行合理评价。

九、教师评价表(表1-37)

表1-37　教师评价表(桥架、线槽)

班级		姓名		学号		分值	评价分数
作品完成度		1.项目编码是否准确				15分	
		2.是否能正确对计算内容进行分项计算				15分	
		3.是否能准确描述项目名称				15分	
		4.工程量是否准确或在合理的误差范围内				15分	
课堂及平时表现		1.是否按时完成作业				5分	
		2.考勤				10分	
		3.课堂表现是否突出,认真听课,认真思考并积极回答问题、解决问题				5分	
自主学习情况		1.是否主动查阅相关信息资料自主学习				10分	
		2.是否能与组内成员积极探讨,达成共识				10分	
总分							

项目二　防雷与接地系统工程量清单编制

任务一　避雷网工程量清单编制

一、任务描述

依据所给设计资料(二维码 1-11),完成避雷网工程量清单编制。

二维码 1-11　避雷网
工程量清单编制
所需资料

二、学习目标

(1)掌握屋面避雷网工程量清单编制方法;
(2)掌握屋面避雷网项目名称及项目特征描述的基本要求;
(3)熟练掌握屋面避雷网工程量计算规则,并能独立完成相应工程量计算。

三、任务分析

(1)重点
屋面避雷网工程量计算。
(2)难点
正确区分屋面避雷网的安装形式,并分别列项计算。

四、相关知识链接

(1)防雷接地系统准备知识
建筑防雷接地系统主要包括接闪器、引下线、接地体三个部分。
接闪器主要包括避雷针、避雷网(避雷带)等;
引下线主要由各种型钢或利用建筑物柱内主筋通长焊接组成;
接地装置主要有接地母线、接地极等;
建筑物高度超过一定标准时,还应设置防侧击雷的均压环等。
设计图主要包括屋面防雷平面图、接地平面图、均压环平面图、防雷接地设计说明、局部安装大样图等。
(2)避雷网工程量清单编制
①清单编码:030409005 避雷网;
②项目特征:名称、材质、规格、安装形式、混凝土块标号;
③计量单位:米;
④计算规则:按设计图示尺寸以长度计算(含附加长度);
⑤工作内容:避雷网制作安装、跨接、混凝土块制作、补刷(喷)油漆。
(3)避雷网工程量清单编制注意事项
①避雷网常见敷设方式主要有:沿女儿墙敷设,沿坡屋面、屋脊敷设,沿隔热板敷设等,在计算时应依据设计图正确区分列项;
②在描述避雷网项目特征时,应将敷设方式、材质、规格等基本内容依据设计图正确描述;

③利用型钢制作、安装避雷网时,应增加 3.9% 的附加长度(设计全长);

④当屋面避雷网敷设在屋顶不同标高的构造物上,彼此间通焊连接所需的竖直段,应计算到避雷网沿女儿墙敷设一项中;

⑤避雷网沿女儿墙敷设所需支架的制作、安装,已包含在避雷网中,不需要另行列项计算;

⑥屋面转角处的避雷短针应按【030409006 避雷针】以"根"为单位计算。

(4)避雷网工程量清单编制示例

二维码 1-12
例 1-7 所需资料

【例 1-7】 根据所给图纸资料(二维码 1-12),完成图中避雷网工程量清单编制,并依据计算结果填写工程量清单表。

【解】 依据上述基本知识,经计算得本例工程量清单如表 1-38 所示。

表 1-38 　分部分项工程和单价措施项目清单与计价表(避雷网)

工程名称:避雷网工程　　　　　　　　　　　　　　　　　　　　　　　　　　第 1 页 共 1 页

序号	项目编码	项目名称及项目特征描述	计量单位	工程量	金额(元)		
					综合单价	合价	其中:暂估价
		分部分项工程					
		B4 电气设备安装工程					
1	030409005001	避雷网　利用 φ12 热镀锌圆钢沿女儿墙敷设	m	211.81			
2	030409005002	避雷网　利用 φ12 热镀锌圆钢沿隔热板敷设	m	125.53			

本例工程量计算表见表 1-39。

表 1-39　工程量计算表(避雷网)

工程名称:避雷网工程　　　　　　　　　　　　　　　　　　　　　　第 1 页 共 1 页

编号	工程量计算式	单位	标准工程量	定额工程量
	单价措施项目			
	分部分项项目			
	B4 电气设备安装工程			
030409005001	避雷网　利用 ϕ12 热镀锌圆钢沿女儿墙敷设	m	211.81	211.81
	211.81		211.81	211.81
B4-1229	避雷网安装 沿女儿墙敷设	10 m	239.34	23.934
=1.039	15.901×2+41.4×2+6.4×6+3.6×2+2.8×2+13.7+6.4+1.184×4+2.074+0.789×2+1.464		210.04	21.004
=1.039	(37.5−36)×18+(37.5−36.3)		29.30	2.930
030409005002	避雷网　利用 ϕ12 热镀锌圆钢沿隔热板敷设	m	125.53	125.53
	125.53		125.53	125.53
B4-1231	避雷网安装 沿隔热板敷设	10 m	125.53	12.553
=1.039	5.9+7.8+13.7+3.3+5.9+13.7+4.1+6.4+2.2+2.2+7.1+1.017+7.1+15.901×2+6.4+2.2		125.53	12.553

计算说明:

①应区分避雷网的敷设方式列项计算;

②沿女儿墙敷设的避雷网安装所需支撑卡已包含在避雷网制作、安装中;

③利用各类型钢制作、安装避雷网的,工程量应增加 3.9%;

④当屋面避雷网敷设在屋顶不同标高的构造物上,彼此间通焊连接所需的竖直段,应计算到避雷网沿女儿墙敷设一项中。

五、思想政治素养养成

培养学生能严格遵守职业操守,以认真、负责的职业态度对待本职工作。

六、任务分组（表 1-40）

表 1-40 任务分组单（避雷网）

班级		指导老师	
组长姓名		组长学号	
成员 1,学号：　　　　　姓名： 任务描述：			
成员 2,学号：　　　　　姓名： 任务描述：			
成员 3,学号：　　　　　姓名： 任务描述：			
成员 4,学号：　　　　　姓名： 任务描述：			

说明：小组成员自愿组合，原则上不超过 4 名同学为一小组。

七、任务成果表(表 1-41)

表 1-41　任务成果表(避雷网)

序号	项目编码	项目名称及项目特征描述	计算单位	工程量

说明:行数不够请自行添加。

八、小组互评表（表1-42）

表1-42　小组互评表（避雷网）

班级		学号		姓名		得分	
评价指标	评价内容					分值	评价分数
信息检索能力	能自觉查阅规范，将查到的知识运用到学习中					5分	
课堂学习情况	是否认真听课，进行有效笔记；是否在课堂中积极思考、回答问题，并学有所获					10分	
沟通交流能力	积极主动与小组成员沟通交流，共同讨论，气氛和谐，并在和谐、平等、互相尊重的基础上，与小组成员共同提高与进步					5分	
知识能力	掌握了清单编码的编制与运用规则					20分	
	掌握了工程量计算规则，并准确地完成工程量计算					20分	
	掌握了项目名称及项目特征描述的基本要求					20分	
	掌握了分项的基本方法并能依据所给资料将所需计算的内容正确进行分项计算					20分	
全体组员签名						年　　月　　日	

说明：本表应由组长组织全体组员，客观公正地对全组成员进行合理评价。

九、教师评价表（表1-43）

表1-43　教师评价表（避雷网）

班级		姓名		学号		分值	评价分数
作品完成度	1.项目编码是否准确					15分	
	2.是否能正确对计算内容进行分项计算					15分	
	3.是否能准确描述项目名称					15分	
	4.工程量是否准确或在合理的误差范围内					15分	
课堂及平时表现	1.是否按时完成作业					5分	
	2.考勤					10分	
	3.课堂表现是否突出，认真听课，认真思考并积极回答问题、解决问题					5分	
自主学习情况	1.是否主动查阅相关信息资料自主学习					10分	
	2.是否能与组内成员积极探讨，达成共识					10分	
总分							

任务二　避雷引下线工程量清单编制

一、任务描述

依据所给设计资料(二维码 1-13),完成避雷引下线工程量清单编制。

二维码 1-13　避雷引下线工程量清单编制所需资料

二、学习目标

(1)掌握避雷引下线工程量清单编制方法;

(2)掌握避雷引下线项目名称及项目特征描述的基本要求;

(3)熟练掌握避雷引下线工程量计算规则,并能独立完成相应工程量计算。

三、任务分析

(1)重点

避雷引下线工程量计算。

(2)难点

避雷引下线工程量调整。

四、相关知识链接

(1)避雷引下线工程量清单编制

①清单编码:030409003 避雷引下线;

②项目特征:名称、材质、规格、安装部位、安装形式,断接卡子、箱材质和规格;

③计量单位:米;

④计算规则:按设计图示尺寸以长度计算(含附加长度);

⑤工作内容:避雷引下线制作、安装,断接卡子、箱制作、安装,利用主钢筋焊接、补刷(喷)油漆。

(2)避雷引下线工程量清单编制注意事项

①新建建筑最常用的避雷引下线敷设方式为:利用建筑物柱内主筋引下;

②项目名称及项目特征描述应依据设计要求将名称、材质、规格、安装形式等基本信息描述完整,若避雷引下线利用建筑物柱内主筋引下,应注意主筋的材质、规格以及引下的主筋数量;

③利用建筑物柱内主筋引下的避雷引下线,主材由土建方计价,安装工程不得再计主材费、不再计算相应 3.9% 的附加长度;

④利用建筑物柱内主筋引下时,已包含每处引下处两根主筋的工作内容,若所需焊接的主筋数量不符,则工程量应乘以相应系数,如:利用柱内 4 根主筋引下,则工程量应乘以 2。

(3)避雷引下线工程量清单编制示例

【例 1-8】　根据所给图纸资料(二维码 1-14),完成图中避雷网引下线工程量清单编制,并依据计算结果填写工程量清单表。

二维码 1-14　例 1-8 所需资料

【解】　依据上述基本知识,经计算,得本例工程量清单如表 1-44 所示。

表 1-44　分部分项工程和单价措施项目清单与计价表(避雷引下线)

工程名称:避雷引下线工程　　　　　　　　　　　　　　　　　　　　　第 1 页 共 1 页

序号	项目编码	项目名称及项目特征描述	计量单位	工程量	金额(元)		
					综合单价	合价	其中:暂估价
		分部分项工程					
		B4 电气设备安装工程					
1	030409003001	避雷引下线　利用结构柱内两根($\phi>16$)主筋通长焊接制作、安装	m	442.40			

本例工程量计算表见表 1-45。

表 1-45　工程量计算表(避雷引下线)

工程名称:避雷引下线工程　　　　　　　　　　　　　　　　　　　　　第 1 页 共 1 页

编号	工程量计算式	单位	标准工程量	定额工程量
	单价措施项目			
	分部分项项目			
	B4 电气设备安装工程			
030409003001	避雷引下线　利用结构柱内两根($\phi>16$)主筋通长焊接制作安装	m	442.40	442.40
	442.40		442.40	442.40
B4-1225	避雷引下线敷设 利用建筑物主筋引下	10 m	442.40	44.240
	$(37.5+4.9)\times3+(34.5+4.9)\times8$		442.40	44.240

计算说明:

①避雷引下线工程量视屋面防雷平面图判断引下点标高,引下线应引到接地平面图所示接地母线处;

②利用土建已有型钢制作、安装的引下线,工程量不得计算 3.9% 的增加系数,也不得重复计算型钢主材费。

五、思想政治素养养成

培养学生不惧困难、勇于挑战困难、克服困难的敬业精神。

六、任务分组(表 1-46)

表 1-46　任务分组单(避雷引下线)

班级		指导老师	
组长姓名		组长学号	
成员 1,学号:　　　　　　姓名: 任务描述:			
成员 2,学号:　　　　　　姓名: 任务描述:			
成员 3,学号:　　　　　　姓名: 任务描述:			
成员 4,学号:　　　　　　姓名: 任务描述:			

说明:小组成员自愿组合,原则上不超过 4 名同学为一小组。

七、任务成果表（表 1-47）

表 1-47　任务成果表（避雷引下线）

序号	项目编码	项目名称及项目特征描述	计算单位	工程量

说明：行数不够请自行添加。

八、小组互评表(表 1-48)

表 1-48　小组互评表(避雷引下线)

班级		学号		姓名		得分	
评价指标		评价内容				分值	评价分数
信息检索能力		能自觉查阅规范,将查到的知识运用到学习中				5分	
课堂学习情况		是否认真听课,进行有效笔记;是否在课堂中积极思考、回答问题,并学有所获				10分	
沟通交流能力		积极主动与小组成员沟通交流,共同讨论,气氛和谐,并在和谐、平等、互相尊重的基础上,与小组成员共同提高与进步				5分	
知识能力		掌握了清单编码的编制与运用规则				20分	
		掌握了工程量计算规则,并准确地完成工程量计算				20分	
		掌握了项目名称及项目特征描述的基本要求				20分	
		掌握了分项的基本方法并能依据所给资料将所需计算的内容正确进行分项计算				20分	
全体组员签名							
					年	月	日

说明:本表应由组长组织全体组员,客观公正地对全组成员进行合理评价。

九、教师评价表(表 1-49)

表 1-49　教师评价表(避雷引下线)

班级		姓名		学号		分值	评价分数
作品完成度		1.项目编码是否准确				15分	
		2.是否能正确对计算内容进行分项计算				15分	
		3.是否能准确描述项目名称				15分	
		4.工程量是否准确或在合理的误差范围内				15分	
课堂及平时表现		1.是否按时完成作业				5分	
		2.考勤				10分	
		3.课堂表现是否突出,认真听课,认真思考并积极回答问题、解决问题				5分	
自主学习情况		1.是否主动查阅相关信息资料自主学习				10分	
		2.是否能与组内成员积极探讨,达成共识				10分	
总分							

任务三　接地母线工程量清单编制

一、任务描述

依据所给设计资料(二维码 1-15),完成接地母线工程量清单编制。

二维码 1-15　接地
母线工程量清单
编制所需资料

二、学习目标

(1)掌握接地母线工程量清单编制方法;
(2)掌握接地母线项目名称及项目特征描述的基本要求;
(3)熟练掌握接地母线工程量计算规则,并能独立完成相应工程量计算。

三、任务分析

(1)重点
接地母线工程量计算。
(2)难点
接地母线工程量调整。

四、相关知识链接

(1)接地母线工程量清单编制
①清单编码:030409002 接地母线;
②项目特征:名称、材质、规格、安装部位、安装形式;
③计量单位:米;
④计算规则:按设计图示尺寸以长度计算(含附加长度);
⑤工作内容:接地线制作、安装,补刷(喷)油漆。
(2)接地母线工程量清单编制注意事项
①接地母线常用安装形式主要包括在有基础圈梁处利用基础圈梁主筋制作、安装,在无圈梁处利用型钢制作、安装,在计算时应注意区分列项;
②接地母线按安装部位分主要包括户内接地母线与户外接地母线,属于建筑物本身的接地母线,按户内接地母线计算;
③在描述接地母线项目特征时,应完整描述材质、规格、安装部位与安装形式,利用基础圈梁主筋制作、安装户内接地母线的,要说明主筋规格与焊接主筋数量;
④接地母线工程量附加长度为全长的 3.9%,利用基础圈梁或土建已有型钢制作、安装接地母线的,不得计算附加长度,不得重复计算主材费。
(3)接地母线工程量清单编制示例
【例 1-9】　根据所给图纸资料(二维码 1-16),完成图中接地母线工程量清单编制,并依据计算结果填写工程量清单表。
【解】　依据上述基本知识,经计算,得本例工程量清单如表 1-50 所示。

二维码 1-16
例 1-9 所需资料

表 1-50 分部分项工程和单价措施项目清单与计价表(接地母线)

工程名称:接地母线工程   第 1 页 共 1 页

序号	项目编码	项目名称及项目特征描述	计量单位	工程量	金额(元)		
					综合单价	合价	其中:暂估价
		分部分项工程					
		B4 电气设备安装工程					
1	030409002001	户内接地母线 利用建筑物地下基础底板底层两根(φ>16)主筋通长相互焊接	m	330.84			

本例工程量计算表见表 1-51。

表 1-51 工程量计算表(接地母线)

工程名称:接地母线工程   第 1 页 共 1 页

编号	工程量计算式	单位	标准工程量	定额工程量
	单价措施项目			
	分部分项项目			
	B4 电气设备安装工程			
030409002001	户内接地母线 利用建筑物地下基础底板底层两根(φ>16)主筋通长相互焊接	m	330.84	330.84
	330.84		330.84	330.84
B4-1202	钢接地母线敷设 利用基础钢筋做接地母线	10 m	330.84	33.084
	$41.4 \times 3 + 6.9 + 6.9 + 5.9 + 15.9 \times 4 + 6 \times 8 + 2.2 \times 5 + 6.2 \times 5 + 0.8 \times 3 + 2.4 \times 5 + 1.599 + 2.089 + 1.738 + 11.419 + 1.045 \times 2$		330.84	33.084

计算说明:

①接地母线应注明敷设部位:户内接地母线或户外接地母线;

②利用土建已有型钢制作、安装接地母线,不得增加全长 3.9% 的附加长度,也不得重复计算型钢主材费。

五、思想政治素养养成

培养学生耐心、细致、认真、负责的基本职业能力。

六、任务分组(表 1-52)

表 1-52　任务分组单(接地母线)

班级		指导老师	
组长姓名		组长学号	
成员 1,学号：　　　　　姓名： 任务描述：			
成员 2,学号：　　　　　姓名： 任务描述：			
成员 3,学号：　　　　　姓名： 任务描述：			
成员 4,学号：　　　　　姓名： 任务描述：			

说明:小组成员自愿组合,原则上不超过 4 名同学为一小组。

七、任务成果表(表1-53)

表 1-53   任务成果表(接地母线)

序号	项目编码	项目名称及项目特征描述	计算单位	工程量

说明:行数不够请自行添加。

八、小组互评表(表1-54)

表1-54 小组互评表(接地母线)

班级		学号		姓名		得分	
评价指标	评价内容					分值	评价分数
信息检索能力	能自觉查阅规范,将查到的知识运用到学习中					5分	
课堂学习情况	是否认真听课,进行有效笔记;是否在课堂中积极思考、回答问题,并学有所获					10分	
沟通交流能力	积极主动与小组成员沟通交流,共同讨论,气氛和谐,并在和谐、平等、互相尊重的基础上,与小组成员共同提高与进步					5分	
知识能力	掌握了清单编码的编制与运用规则					20分	
	掌握了工程量计算规则,并准确地完成工程量计算					20分	
	掌握了项目名称及项目特征描述的基本要求					20分	
	掌握了分项的基本方法并能依据所给资料将所需计算的内容正确进行分项计算					20分	
全体组员签名						年 月 日	

说明:本表应由组长组织全体组员,客观公正地对全组成员进行合理评价。

九、教师评价表(表1-55)

表1-55 教师评价表(接地母线)

班级		姓名		学号		分值	评价分数
作品完成度	1.项目编码是否准确					15分	
	2.是否能正确对计算内容进行分项计算					15分	
	3.是否能准确描述项目名称					15分	
	4.工程量是否准确或在合理的误差范围内					15分	
课堂及平时表现	1.是否按时完成作业					5分	
	2.考勤					10分	
	3.课堂表现是否突出,认真听课,认真思考并积极回答问题、解决问题					5分	
自主学习情况	1.是否主动查阅相关信息资料自主学习					10分	
	2.是否能与组内成员积极探讨,达成共识					10分	
总分							

任务四　均压环工程量清单编制

一、任务描述

依据所给设计资料(二维码 1-17),完成均压环工程量清单编制。

二维码 1-17　均压环
工程量清单编制
所需资料

二、学习目标

(1)掌握均压环工程量清单编制方法;

(2)掌握均压环项目名称及项目特征描述的基本要求;

(3)熟练掌握均压环工程量计算规则,并能独立完成相应工程量计算。

三、任务分析

(1)重点

均压环工程量计算。

2.难点

均压环施工图识读。

四、相关知识链接

(1)均压环工程量清单编制

①清单编码:030409004 均压环;

②项目特征:名称、材质、规格、安装形式;

③计量单位:米;

④计算规则:按设计图示尺寸以长度计算(含附加长度);

⑤工作内容:均压环敷设、钢铝窗接地、柱主筋与圈梁焊接、利用圈梁钢筋焊接、补刷(喷)油漆。

(2)均压环工程量清单编制注意事项

①建筑物是否有均压环设置,应视设计说明确定,若建筑物设有均压环,应仔细确定需设置均压环的楼层,以便完整计算其工程量;

②均压环常用安装形式主要包括在有建筑物圈梁处利用圈梁主筋制作、安装,在无圈梁处利用型钢制作、安装,在计算时应注意区分列项;

③在描述均压环项目特征时,应完整描述材质、规格、安装部位与安装形式,利用圈梁主筋制作、安装户内均压环的,要说明主筋规格与焊接主筋数量;

④均压环工程量附加长度为全长的 3.9%,利用基础圈梁或土建已有型钢制作、安装接地均压环的,不得计算附加长度,不得重复计算主材费;

⑤注意区分各省、市、自治区实施细则,如广西规定:均压环制作、安装不包括钢铝窗接地

工作内容,钢铝窗接地应另行执行【桂 030409014 钢铝窗接地】,以"处"为单位计算,工程量按建筑物外圈金属门、窗数量确定,包括建筑物外圈金属阳台栏杆等;卫生间等电位连接则执行【桂 030409015 等电位均压环】,以"m²"为单位计算,工程量按卫生间面积计算。

(3)其他防雷接地装置工程量清单编制

①接地极(板)制作、安装

清单编码:030409001 接地极;

项目特征:名称、材质、规格、土质、基础接地形式;

计量单位:根(块);

计算规则:按设计图示数量计算;

工作内容:接地极(板)制作、安装,基础接地网安装,补刷(喷)油漆。

接地极(板)工程量清单应注意区分材质、土质计算,常见材质有钢管、角钢、铜棒、圆钢等,土质在无说明时,可按普通土计算。

②避雷针制作、安装

清单编码:030409006 避雷针;

项目特征:名称、材质、规格、安装形式、安装高度;

计量单位:根;

计算规则:按设计图示数量计算;

工作内容:避雷针制作、安装,跨接,补刷(喷)油漆。

避雷针制作应区分材质与针长计算,常用材质主要有圆钢与钢管等;

避雷针安装则需区分安装部位、安装高度等特征,安装部位包括:装在烟囱上、装在平屋面上、装在墙上、装在避雷网上等。

③等电位端子箱、测试板安装

清单编码:030409008 等电位端子箱、测试板;

项目特征:名称、材质、规格;

计量单位:台(块);

计算规则:按设计图示数量计算;

工作内容:本体安装。

等电位端子箱工程量清单编制应区分总等电位端子箱(MEB)、局部等电位端子箱(LEB)列项计算。

二维码 1-18

例 1-18 所需资料

避雷测试板也套用本清单列项计算。

(3)均压环工程量清单编制示例

【例 1-10】 根据所给图纸资料(二维码 1-18),完成图中均压环工程量清单编制,并依据计算结果填写工程量清单表。

【解】 依据上述基本知识,经计算,得本例工程量清单如表 1-56 所示。

表 1-56 分部分项工程和单价措施项目清单与计价表(均压环)

工程名称:均压环工程 第 1 页 共 1 页

序号	项目编码	项目名称及 项目特征描述	计量 单位	工程量	金额(元)		
					综合 单价	合价	其中: 暂估价
分部分项工程							
		B4 电气设备安装工程					
1	030409004001	均压环 利用建筑物圈梁内两根($\phi > 16$) 主筋通长相互焊接	m	992.51			

本例工程量计算表见表 1-57。

表 1-57　工程量计算表(均压环)

工程名称:均压环工程　　　　　　　　　　　　　　　　　　　　　　第 1 页 共 1 页

编号	工程量计算式	单位	标准工程量	定额工程量
单价措施项目				
分部分项项目				
	B4 电气设备安装工程			
030409004001	均压环　利用建筑物圈梁内两根(φ>16)主筋通长相互焊接	m	992.51	992.51
	992.51		992.51	992.51
B4-1232	均压环安装 利用圈梁主筋做均压环	10 m	992.51	99.251
=3	41.4×3+6.9+6.9+5.9+15.9×4+6×8+2.2×5+6.2×5+0.8×3+2.4×5+1.599+2.089+1.738+11.419+1.045×2		992.51	99.251

计算说明:

①注意根据设计资料确定需要制作均压环的楼层及楼层数量;

②利用土建已有型钢制作安装均压环,不得增加全长 3.9% 的附加长度,也不得重复计算型钢主材费;

③若无单独均压环平面图,则均压环敷设位置与接地母线相同,可参照接地平面图计算。

五、思想政治素养养成

培养学生实事求是地分析问题、解决问题的能力。

六、任务分组(表 1-58)

表 1-58 任务分组单(均压环)

班级		指导老师	
组长姓名		组长学号	
成员 1,学号: 姓名: 任务描述:			
成员 2,学号: 姓名: 任务描述:			
成员 3,学号: 姓名: 任务描述:			
成员 4,学号: 姓名: 任务描述:			

说明:小组成员自愿组合,原则上不超过 4 名同学为一小组。

七、任务成果表（表 1-59）

表 1-59　任务成果表（均压环）

序号	项目编码	项目名称及项目特征描述	计算单位	工程量

说明：行数不够请自行添加。

八、小组互评表(表1-60)

表 1-60　小组互评表(均压环)

班级		学号		姓名		得分	
评价指标		评价内容				分值	评价分数
信息检索能力		能自觉查阅规范,将查到的知识运用到学习中				5分	
课堂学习情况		是否认真听课,进行有效笔记;是否在课堂中积极思考、回答问题,并学有所获				10分	
沟通交流能力		积极主动与小组成员沟通交流,共同讨论,气氛和谐,并在和谐、平等、互相尊重的基础上,与小组成员共同提高与进步				5分	
知识能力		掌握了清单编码的编制与运用规则				20分	
		掌握了工程量计算规则,并准确地完成工程量计算				20分	
		掌握了项目名称及项目特征描述的基本要求				20分	
		掌握了分项的基本方法并能依据所给资料将所需计算的内容正确进行分项计算				20分	
全体组员签名						年　　月　　日	

说明:本表应由组长组织全体组员,客观公正地对全组成员进行合理评价。

九、教师评价表(表1-61)

表 1-61　教师评价表(均压环)

班级		姓名		学号		分值	评价分数
作品完成度		1.项目编码是否准确				15分	
		2.是否能正确对计算内容进行分项计算				15分	
		3.是否能准确描述项目名称				15分	
		4.工程量是否准确或在合理的误差范围内				15分	
课堂及平时表现		1.是否按时完成作业				5分	
		2.考勤				10分	
		3.课堂表现是否突出,认真听课,认真思考并积极回答问题、解决问题				5分	
自主学习情况		1.是否主动查阅相关信息资料自主学习				10分	
		2.是否能与组内成员积极探讨,达成共识				10分	
总分							

模块二 智能化系统设备安装工程工程量清单编制

项目一 有线电话系统工程量清单编制

任务 有线电话系统工程量清单编制

一、任务描述

依据所给设计资料(二维码 2-1)，完成有线电话系统工程量清单编制。

二维码 2-1 有线电话
系统工程量清单
编制所需资料

二、学习目标

(1)掌握有线电话系统工程量清单编制方法；

(2)掌握有线电话系统各项目名称及项目特征描述的基本要求；

(3)熟练掌握有线电话系统各项工程量计算规则，并能独立完成相应工程量计算。

三、任务分析

(1)重点

有线电话系统工程量清单编制方法。

(2)难点

有线电话系统施工图识读。

四、相关知识链接

(1)有线电话系统准备知识

建筑物内的有线电话系统通常由入户总箱，楼层分线箱，户内弱电箱(弱电系统共用)，用户电话插座，干线传输线路及相应保护套管或干线敷设所需弱电桥架、线槽，支线传输线路及支线敷设所需桥架、线槽或保护套管组成。

通常情况下，线路接入建筑物由专业运营商负责，入户总箱及楼层分线箱内设备及干线与楼层支线敷设均由运营商负责(企业内部电话系统除外)。

(2)有线电话系统工程量清单编制

①进户保护套管敷设

有线电话进户保护套管通常采取电缆穿管埋地进户的方式接入建筑物，只需预埋进户保护管,管内穿放电话线缆由运营公司负责。

进户预埋的保护配管,与强电入户电缆保护套管一样,具有一定埋深,除了计算保护套管本身,还需要计算土方挖填工作,土方工程套用【010101007 管沟土方】清单条目计算[广西补充细则分别套用【桂 030413013 土方开挖】、【桂 030413014 土方(砂)回填】清单条目计算]。

进户配管与土方工程量清单编制与强电相同,套用【030408003 电缆保护管】清单条目计算。

②有线电话总箱与楼层分线箱

清单编码:030502003 分线接线箱(盒);

项目特征:名称、材质、规格、安装方式;

计量单位:台;

计算规则:按设计图示数量计算;

工作内容:本体安装、底盒安装。

在有线电话由运营商负责接入的情况下,有线电话入户总箱与楼层分线箱内元件通常由专业运营公司选型并安装,此处只需要计算空箱安装工作,执行综合布线分线接线箱清单。

在计算有线电话入户总箱及楼层分线箱时,应注意描述其名称、规格、安装方式等基本信息,只进行空箱安装,应注明空箱安装。

基于现行有线电话技术,注意明确有线电话与网络系统干线部分是不是共用线路及设备进行传输与分配,如是,则应注意避免重复计算。

③住户弱电箱

执行【030502003 分线接线箱(盒)】,以"台"为单位计算。

在计算时应注意区分弱电箱的安装方式(明装、暗装),只进行空箱安装,应注明空箱安装;住户弱电箱通常为有线电视、有线电话、网络等多系统共用,注意避免重复计算。

④电话插座

清单编码:030502004 电视、电话插座;

项目特征:名称、安装方式、底盒材质、规格;

计量单位:个;

计算规则:按设计图示数量计算;

工作内容:本体安装、底盒安装。

在计算电话插座时,应注意区分电话插座的安装方式:明装、暗装。

⑤有线电话线缆

清单编码:030502006 穿放、布放电话线缆;

项目特征:名称、材质、规格、敷设方式;

计量单位:米;

计算规则:按设计图示尺寸以长度计算;

工作内容:敷设、标记、卡接。

在计算有线电话线缆时,应该注意区分线缆敷设方式,建筑物内常见的敷设方式有穿管敷设与沿桥架(线槽)布放等。

注意查阅各省、市、自治区定额或计算规则计算电话线的预留长度,如广西规定电视、电话、信息插座以及探测器、模块、按钮等安装定额不含预留线,预留线长度按表 2-1 另行计算:

表 2-1　电视、电话、信息插座以及探测器、模块、按钮等的预留线长度

序号	项　目	预留线长度
1	电视、电话、信息插座	0.2 m
2	探测器	1.0 m
3	模块、按钮	0.5 m
4	其他	0.5 m

⑥弱电桥架与线槽

弱电桥架与线槽工程量计算方法与强电相同,套用【030411002 线槽】或【030411003 桥架】清单条目计算,桥架或线槽支、吊架套用【030413001 铁构件】清单条目计算。

在计算时注意弱电桥架与线槽通常为多系统共用,应避免重复计算。

⑦弱电线缆保护套管

弱电线缆保护套管工程量计算方法与强电相同,套用强电【030411001 配管】清单条目计算。

(3)有线电话系统工程量清单编制示例

【例 2-1】　根据所给图纸资料(二维码 2-2),完成图 2-1、图 2-2 中有线电话系统工程量清单编制,并依据计算结果填写工程量清单表。

根据所给资料,计算得本例工程量清单表如表 2-2 所示。

二维码 2-2

例 2-2 所需资料

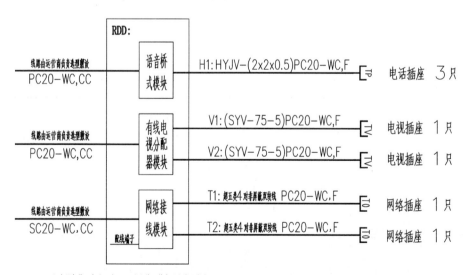

图 2-1　有线电话系统系统图

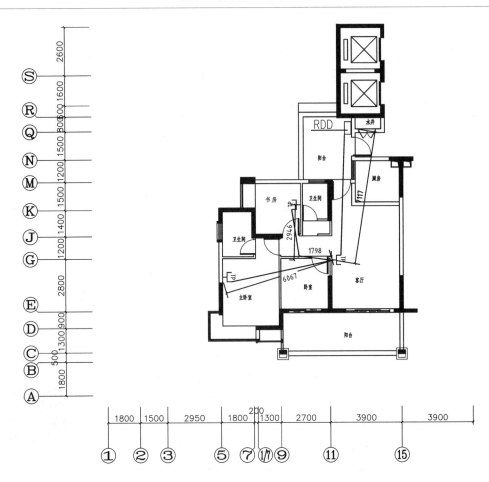

现有A户型共136套,楼层高按 3.0 m考虑,请完成该户型内有线电话部分工程量清单编制。

⌐TP⌐ 电话插座,底边距地0.3m暗装,型号甲方自理

图 2-2   有线电话系统平面图

表 2-2   分部分项工程和单价措施项目清单与计价表(有线电话系统)

工程名称:有线电话系统工程 第 1 页 共 1 页

序号	项目编码	项目名称及项目特征描述	计量单位	工程量	金额(元)		
					综合单价	合价	其中:暂估价
		分部分项工程					
		B5 建筑智能化系统设备安装工程					
1	030502003001	RDD 住户弱电箱 暗装 箱内元件业主自理	台	136			
2	030502004001	电话插座 暗装 型号业主自理	个	408			
3	030411001001	配管 砖、混凝土结构楼板墙暗配 PC20	m	2669.14			
4	030502006001	管内穿放电话线 HYJV—(2×2×0.5)	m	2818.74			
5	030413002001	凿(压)槽及恢复 砖结构(公称管径 20 mm以内)	m	190.40			

本例工程量计算表见表 2-3。

表 2-3　工程量计算表(有线电话系统)

工程名称:有线电话系统工程　　　　　　　　　　　　　　　　　　　第 1 页　共 2 页

编号	工程量计算式	单位	标准工程量	定额工程量
单价措施项目				
分部分项项目				
	B5 建筑智能化系统设备安装工程			
030502003001	RDD 住户弱电箱　暗装　箱内元件业主自理	台	136	136
	136		136	136
B5-1178	家居智能布线箱　暗装	台	136	136
	//A 户型　共 136 套			
=136	1		136	136
030502004001	电话插座　暗装　型号业主自理	个	408	408
	408		408	408
B5-0199	电话插座	10 个	408	40.8
	//A 户型　共 136 套			
=136	3		408	40.8
030411001001	配管　砖、混凝土结构楼板墙暗配 PC20	m	2669.14	2669.14
	2669.14		2669.14	2669.14
B4-1538	砖、混凝土结构楼板墙暗配　刚性阻燃管公称口径(mm以内)20	100 m	2669.14	26.6914
	//A 户型　共 136 套			
=136	(0.5)+7.117+1.798+2.946+5.765+(0.3)×5		2669.14	26.6914
030502006001	管内穿放电话线 HYJV-(2×2×0.5)	m	2818.74	2818.74
	2818.74		2818.74	2818.74
B5-0228	穿放、布放电话线　管内穿放 4 对以下	100 m	2818.74	28.1874
	//A 户型　共 136 套			
=136	(0.5)+7.117+1.798+2.946+5.765+(0.3)×5		2669.14	26.6914
预留=136	0.5+0.2×3		149.60	1.4960
030413002001	凿(压)槽及恢复　砖结构(公称管径 20 mm 以内)	m	190.40	190.40

续表 2-3

编号	工程量计算式	单位	标准工程量	定额工程量
	190.40		190.40	190.40
B4-2006	凿槽、刨沟　砖结构(公称管径 20 mm 以内)	10 m	190.40	19.040
	//A 户型　共 136 套			
＝136	(0.5)＋(0.3)×3		190.40	19.040
B4-2018	所凿沟槽恢复　沟槽尺寸(公称管径 20 mm 以内){水泥砂浆 1∶2.5}	10 m	190.40	19.040
	190.40		190.40	19.040

计算说明：

①智能化系统设备工程应单独设置分部工程计算工程量,避免与电气设备安装工程混合计算;

②弱电不再单独设置配管清单条目,应套用强电配管清单条目计算,依据施工规范,与卫生间无关的电气管线不应穿越卫生间;

③在计算电话线缆工程量时,应该注意根据各省、市、自治区规定计算导线预留长度,本例导线预留长度主要包括:弱电线缆进出弱电箱所需的预留长度,按弱电箱半周长计算,此处弱电箱半周长可按 0.5 m 计算,电话插座处导线预留长度,按每个电话插座 0.2 m 计算。

五、思想政治素养养成

引导学生认知不同工种、岗位间合理分工、通力协作的重要性,使学生提升专业认同感,热爱专业、热爱本职工作。

六、任务分组（表 2-4）

表 2-4　任务分组单（有线电话系统）

班级		指导老师	
组长姓名		组长学号	
成员 1,学号：　　　　姓名： 任务描述：			
成员 2,学号：　　　　姓名： 任务描述：			
成员 3,学号：　　　　姓名： 任务描述：			
成员 4,学号：　　　　姓名： 任务描述：			

说明：小组成员自愿组合,原则上不超过 4 名同学为一小组。

七、任务成果表(表 2-5)

表 2-5　任务成果表(有线电话系统)

序号	项目编码	项目名称及项目特征描述	计算单位	工程量

说明:行数不够请自行添加。

八、小组互评表(表 2-6)

表 2-6　小组互评表(有线电话系统)

班级		学号		姓名		得分	
评价指标		评价内容				分值	评价分数
信息检索能力		能自觉查阅规范,将查到的知识运用到学习中				5分	
课堂学习情况		是否认真听课,进行有效笔记;是否在课堂中积极思考、回答问题,并学有所获				10分	
沟通交流能力		积极主动与小组成员沟通交流,共同讨论,气氛和谐,并在和谐、平等、互相尊重的基础上,与小组成员共同提高与进步				5分	
知识能力		掌握了清单编码的编制与运用规则				20分	
		掌握了工程量计算规则,并准确地完成工程量计算				20分	
		掌握了项目名称及项目特征描述的基本要求				20分	
		掌握了分项的基本方法并能依据所给资料将所需计算的内容正确进行分项计算				20分	
全体组员签名						年　　月　　日	

说明:本表应由组长组织全体组员,客观公正地对全组成员进行合理评价。

九、教师评价表(表 2-7)

表 2-7　教师评价表(有线电话系统)

班级		姓名		学号		分值	评价分数
作品完成度		1.项目编码是否准确				15分	
		2.是否能正确对计算内容进行分项计算				15分	
		3.是否能准确描述项目名称				15分	
		4.工程量是否准确或在合理的误差范围内				15分	
课堂及平时表现		1.是否按时完成作业				5分	
		2.考勤				10分	
		3.课堂表现是否突出,认真听课,认真思考并积极回答问题、解决问题				5分	
自主学习情况		1.是否主动查阅相关信息资料自主学习				10分	
		2.是否能与组内成员积极探讨,达成共识				10分	
总分							

项目二 有线电视系统工程量清单编制

任务 有线电视系统工程量清单编制

一、任务描述

依据所给设计资料(二维码 2-3),完成有线电视系统工程量清单编制。

二维码 2-3 有线
电视系统工程量
清单编制所需资料

二、学习目标

(1)掌握有线电视系统工程量清单编制方法;
(2)掌握有线电视系统各项目名称及项目特征描述的基本要求;
(3)熟练掌握有线电视系统各项工程量计算规则,并能独立完成相应工程量计算。

三、任务分析

(1)重点
有线电视系统工程量清单编制方法。
(2)难点
有线电视系统施工图识读。

四、相关知识链接

(1)有线电视系统准备知识
与建筑物内的有线电话系统相似,有线电视系统通常也由入户总箱,楼层分线箱,户内弱电箱(弱电系统共用),用户电视插座,干线传输线路及相应保护套管或干线敷设所需弱电桥架、线槽,支线传输线路及支线敷设所需桥架、线槽或保护套管组成。

通常情况下,线路接入建筑物由专业运营商负责,入户总箱及楼层分线箱内设备及干线与楼层支线敷设均由运营商负责。

(2)有线电视系统工程量清单编制
①进户保护套管敷设
进户保护套管及相应土方工程工程量计算方法与有线电话系统相同。
进户配管与土方工程量清单编制与强电相同。
②有线电视前端总箱与楼层分线箱
有线电视前端总箱与楼层分线箱工程量计算方法与有线电话系统相同。
③住户弱电箱
住户弱电箱工程量计算方法与有线电话系统相同。
④电视插座
有线电视插座工程量计算方法与有线电话系统相同,注意应与电话插座区分计算,注意区分插座的安装方式:明装、暗装。
⑤有线电视线缆

有线电视常用射频同轴电缆来传输信号。

清单编码:030505005 射频同轴电缆;

项目特征:名称、规格、敷设方式;

计量单位:米;

计算规则:按设计图示尺寸以长度计算;

工作内容:线缆敷设。

在计算有线电视线缆时,应该注意区分线缆敷设方式,建筑物内常见的敷设方式有穿管敷设与沿桥架(线槽)布放等。

与有线电话系统一样,在计算时应查阅各省、市、自治区规定,确定导线预留长度。

若射频同轴电缆非成品线缆,则应计算射频同轴电缆接头安装内容。

清单编码:030505006 同轴电缆接头;

项目特征:规格、方式;

计量单位:个;

工作内容:电缆接头。

射频同轴电缆接头是否要计算,应视具体情况决定,如:电缆直接连接到电视插座,则不需要计算同轴电缆接头。

⑥弱电桥架与线槽

弱电桥架与线槽工程量计算方法与有线电话系统相同,注意弱电桥架与线槽常为弱电系统共用,避免重复计算。

⑦弱电线缆保护套管

弱电线缆保护套管工程量计算方法与有线电话系统相同。

(3)有线电视系统工程量清单编制示例

二维码 2-4
例 2-2 所需资料

【例 2-2】 根据所给图纸资料(二维码 2-4),完成图 2-3 中有线电视系统工程量清单编制(系统图见图 2-1),并依据计算结果填写工程量清单表。

【解】 依据所给资料,经计算得到有线电视系统工程量清单如表 2-8 所示。

表 2-8 分部分项工程和单价措施项目清单与计价表(有线电视系统)

工程名称:有线电视系统工程   第 1 页 共 1 页

序号	项目编码	项目名称及项目特征描述	计量单位	工程量	金额(元)		
					综合单价	合价	其中:暂估价
分部分项工程							
		B5 建筑智能化系统设备安装工程					
1	030502003001	RDD 住户弱电箱 暗装 箱内元件业主自理	台	136			
2	030502004001	电视插座 暗装 型号甲方自理	个	272			
3	030411001001	配管 砖、混凝土结构楼板墙暗配 PC20	m	2805.82			
4	030505005001	管内穿放射频同轴电缆 SYV-75-5	m	2996.22			
5	030413002001	凿(压)槽及恢复 砖结构(公称管径 20 mm 以内)	m	149.60			

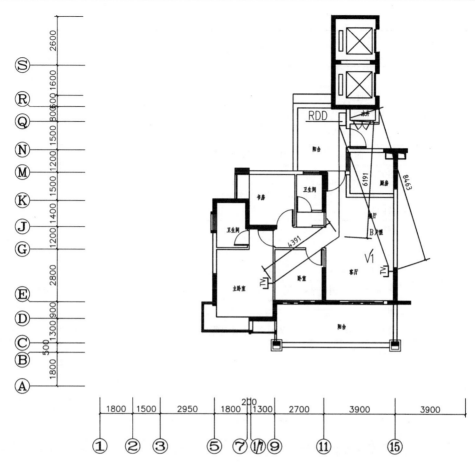

现有A户型共136套, 楼层高按3.0 m考虑, 请完成该户型内有线电视部分工程量清单编制。

 电视插座, 底边距地0.3 m暗装, 型号甲方自理。

图 2-3　有线电视系统平面图

本例工程量计算表见表 2-9。

表 2-9　工程量计算表(有线电视系统)

工程名称:有线电视系统工程　　　　　　　　　　　　　　　　　　　　　　第 1 页 共 2 页

编号	工程量计算式	单位	标准工程量	定额工程量
	单价措施项目			
	分部分项项目			
	B5 建筑智能化系统设备安装工程			
030502003001	RDD 住户弱电箱　暗装　箱内元件业主自理	台	136	136
	136		136	136
B5-1178	家居智能布线箱　暗装	台	136	136
	//A 户型 共 136 户			
=136	1		136	136
030502004001	电视插座　暗装　型号甲方自理	个	272	272

续表 2-9

编号	工程量计算式	单位	标准工程量	定额工程量
	272		272	272
B5-0227	电视插座　暗装	10 个	272	27.2
	//A 户型　共 136 户			
=136	2		272	27.2
030411001001	配管　砖、混凝土结构楼板墙暗配　PC20	m	2805.82	2805.82
	2805.82		2805.82	2805.82
B4-1538	砖、混凝土结构楼板墙暗配 刚性阻燃管公称口径(mm 以内) 20	100 m	2805.82	28.0582
	//B 户型　共 136 户			
=136	(0.5)+8.463+(0.3)		1259.77	12.5977
=136	(0.5)+6.191+4.377+(0.3)		1546.05	15.4605
030505005001	管内穿放射频同轴电缆 SYV-75-5	m	2996.22	2996.22
	2996.22		2996.22	2996.22
B5-0365	射频同轴电缆 管内穿放射频同轴电缆 φ9 以下	100 m	2996.22	29.9622
	//A 户型　共 136 户			
=136	(0.5)+8.463+(0.3)		1259.77	12.5977
预留=136	0.5+0.2		95.20	0.9520
=136	(0.5)+6.191+4.377+(0.3)		1546.05	15.4605
预留=136	0.5+0.2		95.20	0.9520
030413002001	凿(压)槽及恢复　砖结构(公称管径 20 mm 以内)	m	149.60	149.60
	149.60		149.60	149.60
B4-2006	凿槽、刨沟　砖结构(公称管径 20 mm 以内)	10 m	149.60	14.960
	//A 户型　共 136 户			
=136	(0.5)		68.00	6.800
=136	(0.3)×2		81.60	8.160
B4-2018	所凿沟槽恢复　沟槽尺寸(公称管径 20 mm 以内){水泥砂浆 1∶2.5}	10 m	149.60	14.960
	149.60		149.60	14.960

计算说明：

①同一建筑中的住户弱电箱为多系统共用,若在有线电话处已计算,则此处不需再重复计算;

②同一建筑中的配管工程,若型号、材质、规格、敷设方式相同,则应合并在同一项中计算,不需要再另列清单编码计算;

③有线电视采用射频同轴电缆传输信号的,应按一个电视插座敷设一条回路计算,从弱电箱内的有线电视分支器处开始分配回路。

五、思想政治素养养成

培养学生科学的思维方法和自主学习能力。

六、任务分组(表 2-10)

表 2-10　任务分组单(有线电视系统)

班级		指导老师	
组长姓名		组长学号	
成员 1,学号:　　　　　　姓名: 任务描述:			
成员 2,学号:　　　　　　姓名: 任务描述:			
成员 3,学号:　　　　　　姓名: 任务描述:			
成员 4,学号:　　　　　　姓名: 任务描述:			

说明:小组成员自愿组合,原则上不超过 4 名同学为一小组。

七、任务成果表（表2-11）

表 2-11　任务成果表（有线电视系统）

序号	项目编码	项目名称及项目特征描述	计算单位	工程量

说明：行数不够请自行添加。

八、小组互评表(表 2-12)

表 2-12 小组互评表(有线电视系统)

班级		学号		姓名		得分	
评价指标		评价内容				分值	评价分数
信息检索能力		能自觉查阅规范,将查到的知识运用到学习中				5分	
课堂学习情况		是否认真听课,进行有效笔记;是否在课堂中积极思考、回答问题,并学有所获				10分	
沟通交流能力		积极主动与小组成员沟通交流,共同讨论,气氛和谐,并在和谐、平等、互相尊重的基础上,与小组成员共同提高与进步				5分	
知识能力		掌握了清单编码的编制与运用规则				20分	
		掌握了工程量计算规则,并准确地完成工程量计算				20分	
		掌握了项目名称及项目特征描述的基本要求				20分	
		掌握了分项的基本方法并能依据所给资料将所需计算的内容正确进行分项计算				20分	
全体组员签名						年 月 日	

说明:本表应由组长组织全体组员,客观公正地对全组成员进行合理评价。

九、教师评价表(表 2-13)

表 2-13 教师评价表(有线电视系统)

班级		姓名		学号		分值	评价分数
作品完成度		1.项目编码是否准确				15分	
		2.是否能正确对计算内容进行分项计算				15分	
		3.是否能准确描述项目名称				15分	
		4.工程量是否准确或在合理的误差范围内				15分	
课堂及平时表现		1.是否按时完成作业				5分	
		2.考勤				10分	
		3.课堂表现是否突出,认真听课,认真思考并积极回答问题、解决问题				5分	
自主学习情况		1.是否主动查阅相关信息资料自主学习				10分	
		2.是否能与组内成员积极探讨,达成共识				10分	
总分							

项目三　计算机网络系统工程量清单编制

任务　计算机网络系统工程量清单编制

一、任务描述

依据所给设计资料(二维码 2-5),完成计算机网络系统工程量清单编制。

二维码 2-5　计算机
网络系统工程量
清单编制所需资料

二、学习目标

(1)掌握计算机网络系统工程量清单编制方法;

(2)掌握计算机网络系统各项目名称及项目特征描述的基本要求;

(3)熟练掌握计算机网络系统各项工程量计算规则,并能独立完成相应工程量计算。

三、任务分析

(1)重点

计算机网络系统工程量清单编制方法。

(2)难点

计算机网络系统施工图识读。

四、相关知识链接

(1)计算机网络系统准备知识

计算机网络系统通常由运营商提供接入,或由专业公司进行二次设计并组网安装。

系统通常由网络前端接入箱、分配网络设备(楼层分配箱)、住户弱电箱、信息插座以及干线线路与支线线路组成,线路通常沿弱电桥架(线槽)或穿管敷设。

(2)计算机网络系统工程量清单编制

①进户保护套管敷设

进户保护套管及相应土方工程工程量计算方法与有线电话系统相同。

②计算机网络系统前端总箱与楼层网络分配箱

计算机网络系统前端总箱与楼层网络分配箱在只进行空箱安装时,套用综合布线中的【030502003 分线接线箱(盒)】清单条目计算,计算方法与有线电话系统同,当系统由运营商提供接入时,注意确认有线电话系统与计算机网络系统是否采用同一网络传输与分配,避免重复计算,同时还应按具体的系统组成完整列项计算。

③住户弱电箱

住户弱电箱工程量计算方法与有线电话系统相同。

④信息插座

清单编码:030502012 信息插座;

项目特征:名称、类别、规格、安装方式、底盒材质规格;

计量单位:个;

工作内容:端接模块,安装面板。

在计算时应注意确定信息插座的"口数",注意区分插座的安装方式:明装、暗装。

⑤计算机网络系统线缆

干线部分常用光纤进行信号传输与分配,光纤敷设通常由运营商或专业公司完成,末端则常用专用网线(4 对双绞线)敷设。

清单编码:030502005 双绞线缆;

项目特征:名称、规格、线缆对数、敷设方式;

计量单位:米;

计算规则:按设计图示尺寸以长度计算;

工作内容:敷设、标记、卡接。

在计算计算机网络系统线缆时应该注意区分线缆敷设方式,建筑物内常见的敷设方式有穿管敷设与沿桥架(线槽)布放等。

与有线电话系统一样,在计算时应查阅各省、市、自治区规定,确定导线预留长度。

双绞线敷设未包含相应测试内容。

清单编码:030502019 双绞线缆测试;

项目特征:测试类别、测试内容;

计量单位:链路;

工作内容:测试。

一个网络终端为一个链路,可按一个信息插座一条链路计算,双口插座则应按两个链路计算,依此类推。

⑥弱电桥架与线槽

弱电桥架与线槽工程量计算方法与有线电话系统同,注意弱电桥架与线槽常为弱电系统共用,避免重复计算。

二维码 2-6
例 2-3 所需资料

⑦弱电线缆保护套管

弱电线缆保护套管工程量计算方法与有线电话系统相同。

(3)计算机网络系统工程量清单编制示例

【例 2-3】　根据所给图纸资料(二维码 2-6),完成图 2-4 中计算机网络系统工程量清单编制(系统图见图 2-1),并依据计算结果填写工程量清单表。

【解】　依据所给资料,经计算得计算机网络系统工程量清单如表 2-14 所示。

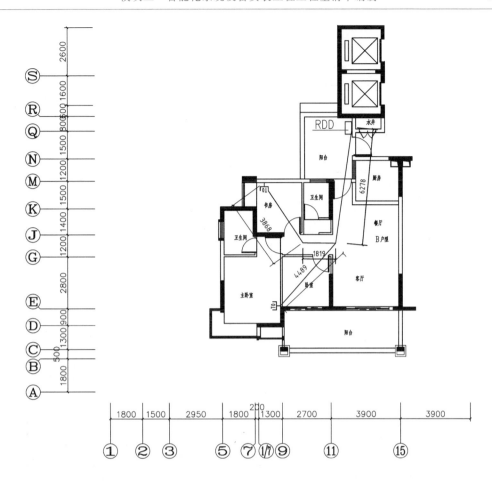

现有A户型共136套，楼层高按3.0m考虑，请完成该户型户内计算机网络系统工程量清单编制。

▭T0　信息插座，底边距地0.3m暗装，型号甲方自理。

图2-4　计算机网络系统平面图

表2-14　分部分项工程和单价措施项目清单与计价表（计算机网络系统）

工程名称：计算机网络系统工程　　　　　　　　　　　　　　　　　　　　　　　　第1页　共1页

序号	项目编码	项目名称及项目特征描述	计量单位	工程量	金额（元）		
					综合单价	合价	其中：暂估价
		分部分项工程					
		B5 建筑智能化系统设备安装工程					
1	030502003001	RDD 住户弱电箱　暗装　箱内元件业主自理	台	136			
2	030502012001	暗装单口信息插座 型号甲方自理	个	272			
3	030411001001	配管　砖、混凝土结构楼板墙暗配　PC20	m	3309.15			
4	030502005001	管内穿放双绞线缆　超五类4对非屏蔽双绞线	m	3499.55			
5	030413002001	凿（压）槽及恢复　砖结构（公称管径20 mm以内）	m	149.60			

本例工程量计算表见表 2-15。

表 2-15 工程量计算表(计算机网络系统)

工程名称:计算机网络系统工程

编号	工程量计算式	单位	标准工程量	定额工程量
单价措施项目				
分部分项项目				
B5 建筑智能化系统设备安装工程				
030502003001	RDD住户弱电箱 暗装 箱内元件业主自理	台	136	136
	136		136	136
B5-1178	家居智能布线箱 暗装	台	136	136
	//A 户型 共 136 户			
=136	1		136	136
030502012001	暗装单口信息插座 型号甲方自理	个	272	272
	272		272	272
B5-0329	安装 8 位模块信息插座 单口	个	272	272
	//A 户型 共 136 户			
=136	2		272	272
030411001001	配管 砖、混凝土结构楼板墙暗配 PC20	m	3309.15	3309.15
	3309.15		3309.15	3309.15
B4-1538	砖、混凝土结构楼板墙暗配 刚性阻燃管公称口径(mm以内) 20	100 m	3309.15	33.0915
	//A 户型 共 136 户			
=136	(0.5)+6.278+1.819+3.868+(0.3)		1736.04	17.3604
=136	(0.5)+6.278+4.489+(0.3)		1573.11	15.7311
030502005001	管内穿放双绞线缆 超五类 4 对非屏蔽双绞线	m	3499.55	3499.55
	3499.55		3499.55	3499.55
B5-0271	双绞线缆 管内穿放 4 对以下	100 m	3499.55	34.9955
	//A 户型 共 136 户			
=136	(0.5)+6.278+1.819+3.868+(0.3)		1736.04	17.3604
预留=136	0.5+0.2		95.20	0.9520
=136	(0.5)+6.278+4.489+(0.3)		1573.11	15.7311
预留 =136	0.5+0.2		95.20	0.9520

编号	工程量计算式	单位	标准工程量	定额工程量
030413002001	凿(压)槽及恢复　砖结构(公称管径 20 mm 以内)	m	149.60	149.60
	149.60		149.60	149.60
B4-2006	凿槽、刨沟　砖结构(公称管径 20 mm 以内)	10 m	149.60	14.960
	//A 户型 共 136 户			
=136	(0.5)+(0.3)		108.80	10.880
=136	(0.3)		40.80	4.080
B4-2018	所凿沟槽恢复　沟槽尺寸(公称管径 20 mm 以内){水泥砂浆 1∶2.5}	10 m	149.60	14.960
	149.60		149.60	14.960

计算说明：

①同一建筑中的住户弱电箱为多系统共用，若在有线电话处已计算，则此处不需再重复计算；

②同一建筑中的配管工程，若型号、材质、规格、敷设方式相同，则应合并在同一项中计算，不需要再另列清单编码计算。

若例 2-1 至例 2-3 所述内容属同一栋楼，则工程量清单见表 2-16，工程量计算表见表 2-17。

表 2-16　分部分项工程和单价措施项目清单与计价表(智能化系统)

工程名称：智能化系统安装工程　　　　　　　　　　　　　　　　　　　　　　第 1 页 共 1 页

序号	项目编码	项目名称及项目特征描述	计量单位	工程量	金额(元)		
					综合单价	合价	其中：暂估价
		分部分项工程					
		B5 建筑智能化系统设备安装工程					
1	030502003001	RDD 住户弱电箱　暗装　箱内元件业主自理	台	136			
2	030502004001	电话插座　暗装　型号业主自理	个	408			
3	030502004002	电视插座　暗装　型号甲方自理	个	272			
4	030502012001	暗装单口信息插座　型号甲方自理	个	272			
5	030411001001	配管　砖、混凝土结构楼板墙暗配　PC20	m	8784.11			
6	030502006001	管内穿放电话线　HYJV-(2×2×0.5)	m	2818.74			
7	030505005001	管内穿放视频同轴电缆　SYV-75-5	m	2996.22			
8	030502005001	管内穿放双绞线缆　超五类 4 对非屏蔽双绞线	m	3499.56			
9	030413002001	凿(压)槽及恢复　砖结构(公称管径 20 mm 以内)	m	312.80			

表 2-17 工程量计算表（智能化系统）

工程名称：智能化系统安装工程

编号	工程量计算式	单位	标准工程量	定额工程量
单价措施项目				
分部分项项目				
	B5 建筑智能化系统设备安装工程			
030502003001	RDD 住户弱电箱 暗装 箱内元件业主自理	台	136	136
	136		136	136
B5-1178	家居智能布线箱 暗装	台	136	136
	//A 户型 共 136 套			
=136	1		136	136
030502004001	电话插座 暗装 型号业主自理	个	408	408
	408		408	408
B5-0199	电话插座	10 个	408	40.8
	//A 户型 共 136 套			
=136	3		408	40.8
030502004002	电视插座 暗装 型号甲方自理	个	272	272
	272		272	272
B5-0227	电视插座 暗装	10 个	272	27.2
	//A 户型 共 136 户			
=136	2		272	27.2
030502012001	暗装单口信息插座 型号甲方自理	个	272	272
	272		272	272
B5-0329	安装 8 位模块信息插座 单口	个	272	272
	//A 户型 共 136 户			
=136	2		272	272
030411001001	配管 砖、混凝土结构楼板墙暗配 PC20	m	8784.11	8784.11
	8784.11		8784.11	8784.11
B4-1538	砖、混凝土结构楼板墙暗配 刚性阻燃管公称口径(mm以内) 20	100 m	8784.11	87.8411
	//A 户型 共 136 套			

编号	工程量计算式	单位	标准工程量	定额工程量
	//有线电话系统			
=136	(0.5)+7.117+1.798+2.946+5.765+(0.3)×5		2669.14	26.6914
	//有线电视系统			
=136	(0.5)+8.463+(0.3)		1259.77	12.5977
=136	(0.5)+6.191+4.377+(0.3)		1546.05	15.4605
	//计算机网络系统			
=136	(0.5)+6.278+1.819+3.868+(0.3)		1736.04	17.3604
=136	(0.5)+6.278+4.489+(0.3)		1573.11	15.7311
030502006001	管内穿放电话线　HYJV-(2×2×0.5)	m	2818.74	2818.74
	2818.74		2818.74	2818.74
B5-0228	穿放、布放电话线　管内穿放　4 对以下	100 m	2818.74	28.1874
	//A 户型 共 136 套			
=136	(0.5)+7.117+1.798+2.946+5.765+(0.3)×5		2669.14	26.6914
预留=136	0.5+0.2×3		149.60	1.4960
030505005001	管内穿放视频同轴电缆 SYV-75-5	m	2996.22	2996.22
	2996.22		2996.22	2996.22
B5-0365	视频同轴电缆　管内穿放视频同轴电缆　φ9 以下	100 m	2996.22	29.9622
	//A 户型 共 136 户			
=136	(0.5)+8.463+(0.3)		1259.77	12.5977
预留=136	0.5+0.2		95.20	0.9520
=136	(0.5)+6.191+4.377+(0.3)		1546.05	15.4605
预留=136	0.5+0.2		95.20	0.9520
030502005001	管内穿放双绞线缆　超五类 4 对非屏蔽双绞线	m	3499.55	3499.55
	3499.55		3499.55	3499.55
B5-0271	双绞线缆　管内穿放　4 对以下	100 m	3499.55	34.9955
	//A 户型 共 136 户			
=136	(0.5)+6.278+1.819+3.868+(0.3)		1736.04	17.3604
预留=136	0.5+0.2		95.20	0.9520
=136	(0.5)+6.278+4.489+(0.3)		1573.11	15.7311

续表 2-17

编号	工程量计算式	单位	标准工程量	定额工程量
预留＝136	0.5＋0.2		95.20	0.9520
030413002001	凿(压)槽及恢复　砖结构(公称管径 20 mm 以内)	m	312.80	312.80
	312.80		312.80	312.80
B4-2006	凿槽、刨沟　砖结构(公称管径 20 mm 以内)	10 m	312.80	31.280
	//A 户型 共 136 套			
	//有线电话系统			
＝136	(0.5)＋(0.3)×3		190.40	19.040
	//有线电视系统			
＝136	(0.3)		40.80	4.080
	//计算机网络系统			
＝136	(0.3)		40.80	4.080
＝136	(0.3)		40.80	4.080
B4-2018	所凿沟槽恢复　沟槽尺寸(公称管径 20 mm 以内){水泥砂浆 1：2.5}	10 m	312.80	31.280
	312.80		312.80	31.280

　　计算说明:注意区分配管工程列项的区别;注意区分凿槽及恢复的工程量计算区别(同一处有多根配管,按一段管计算凿槽及恢复工程量)。

五、思想政治素养养成

培养学生探索未知、追求知识的精神。

六、任务分组(表 2-18)

表 2-18　任务分组单(计算机网络系统)

班级		指导老师	
组长姓名		组长学号	
成员 1,学号:　　　　　　姓名: 任务描述:			
成员 2,学号:　　　　　　姓名: 任务描述:			
成员 3,学号:　　　　　　姓名: 任务描述:			
成员 4,学号:　　　　　　姓名: 任务描述:			

说明:小组成员自愿组合,原则上不超过 4 名同学为一小组。

七、任务成果表(表 2-19)

表 2-19　任务成果表(计算机网络系统)

序号	项目编码	项目名称及项目特征描述	计算单位	工程量

说明:行数不够请自行添加。

八、小组互评表(表2-20)

表 2-20　小组互评表(计算机网络系统)

班级		学号		姓名		得分	
评价指标		评价内容				分值	评价分数
信息检索能力		能自觉查阅规范,将查到的知识运用到学习中				5分	
课堂学习情况		是否认真听课,进行有效笔记;是否在课堂中积极思考、回答问题,并学有所获				10分	
沟通交流能力		积极主动与小组成员沟通交流,共同讨论,气氛和谐,并在和谐、平等、互相尊重的基础上,与小组成员共同提高与进步				5分	
知识能力		掌握了清单编码的编制与运用规则				20分	
		掌握了工程量计算规则,并准确地完成工程量计算				20分	
		掌握了项目名称及项目特征描述的基本要求				20分	
		掌握了分项的基本方法并能依据所给资料将所需计算的内容正确进行分项计算				20分	
全体组员签名							
					年	月	日

说明:本表应由组长组织全体组员,客观公正地对全组成员进行合理评价。

九、教师评价表(表2-21)

表 2-21　教师评价表(计算机网络系统)

班级		姓名		学号		分值	评价分数
作品完成度		1.项目编码是否准确				15分	
		2.是否能正确对计算内容进行分项计算				15分	
		3.是否能准确描述项目名称				15分	
		4.工程量是否准确或在合理的误差范围内				15分	
课堂及平时表现		1.是否按时完成作业				5分	
		2.考勤				10分	
		3.课堂表现是否突出,认真听课,认真思考并积极回答问题、解决问题				5分	
自主学习情况		1.是否主动查阅相关信息资料自主学习				10分	
		2.是否能与组内成员积极探讨,达成共识				10分	
总分							

项目四　火灾自动报警及消防联动控制系统工程量清单编制

任务　火灾自动报警及消防联动控制系统工程量清单编制

一、任务描述

依据所给设计资料(二维码2-7),完成火灾自动报警及消防联动控制系统工程量清单编制。

二维码 2-7　火灾自动报警及消防联动控制系统工程量清单编制所需资料

二、学习目标

(1)掌握火灾自动报警及消防联动控制系统工程量清单编制方法;

(2)掌握火灾自动报警及消防联动控制系统各项目名称及项目特征描述的基本要求;

(3)熟练掌握火灾自动报警及消防联动控制系统各项工程量计算规则,并能独立完成相应工程量计算。

三、任务分析

(1)重点

火灾自动报警及消防联动控制系统工程量计算。

(2)难点

火灾自动报警及消防联动控制系统施工图识读。

四、相关知识链接

(1)准备知识

火灾自动报警及消防联动控制系统主要由触发器件、火灾报警控制装置、火灾警报装置、消防联动控制设备以及消防电源组成。

触发器件是指自动或手动产生火灾报警信号的器件,如手动报警按钮、各类火灾探测器等;

火灾报警控制装置是火灾自动报警系统的大脑,是可以接收、显示和传递火灾报警信号,并能发出控制指示的设备;

火灾警报装置是用以发出区别于环境声、光的火灾警报信号的装置,如声光报警器等;

消防联动控制设备是在接收到来自触发器件的火灾报警信号后,能自动或手动启动相关消防设备并显示其状态的设备,如电梯迫降、启动消防水泵、启动排烟送风设备等;

系统电源为消防系统工作提供电源,其主电源应当采用消防电源,备用电源可采用蓄电池。系统电源除为火灾报警控制器供电外,还为与系统相关的消防器件供电,如作为声光报警器的工作电源。

(2)火灾自动报警及消防联动控制系统工程量清单编制

①消防主机

消防主机包括火灾自动报警主机、联动控制主机、消防广播及消防电话主机、火灾报警控制微机(CRT)、备用电源及电池主机(柜)以及机柜等内容。

当消防主机只有自动报警功能,没有联动控制功能时,套用【030904012 火灾报警系统控制主机】以"台"为单位,按设计数量计算,项目特征包括规格、线制、控制回路、安装方式等。线制应依据设计确定,有总线制与多线制两种,安装方式主要包括落地式安装与挂墙安装等,按图示设计数量计算,工作内容包括:安装、校接线、调试。在计算自动报警主机时,应包含相应的机柜安装。

当消防主机只有联动控制功能、无自动报警功能时,套用【030904013 联动控制主机】以"台"为单位计算,计量单位、项目特征、计算规则、工作内容同火灾报警系统控制主机。

当消防主机既有自动报警功能,又有联动控制功能时,套用【030904017 报警联动一体机】以"台"为单位计算,计量单位、项目特征、计算规则、工作内容同火灾报警系统控制主机。其安装应包含由厂家根据消防系统图成套配置的机柜(琴台)、报警控制器、联动控制器等设备的安装。一套消防控制中心一般套用一台火灾报警联动一体机计算。

在描述消防主机项目名称及项目特征时,应说明消防主机的规格、型号、安装方式、线制、"点数"等基本信息。火灾自动报警系统的"点数"为带有编码功能的器件总数,如总线制探测器、总线制报警按钮、总线制声光报警器及各类总线制模块等的总数。

②消防广播及对讲电话主机(柜)

清单编码:030904014 消防广播及对讲电话主机(柜);

项目特征:规格、线制、控制回路、安装方式;

计量单位:台;

计算规则:按设计图示数量计算;

工作内容:安装、校接线、调试;

项目名称及项目特征描述应包含型号、规格、安装方式等基本信息,消防电话主机应描述消防电话分机及消防电话插孔的"门数"。

若消防广播及对讲电话主机安装在消防报警主机机柜中,则不需要重复计算机柜内容。

③火灾报警控制微机(CRT)

清单编码:030904015 火灾报警控制微机(CRT);

项目特征:规格、安装方式;

计量单位:台;

计算规则:按设计图示数量计算;

工作内容:安装、调试。

项目名称及项目特征描述应注明型号、规格、安装方式等。

若火灾报警控制微机安装在消防报警主机机柜中,则不需要重复计算机柜内容。

④备用电源及电池主机(柜)

清单编码:030904016 备用电源及电池主机(柜);

项目特征:名称、容量、安装方式;

计量单位:套;

工作内容:安装、调试。

项目名称及项目特征描述应注明型号、容量及安装方式等内容。

若备用电源及电池主机安装在消防报警主机机柜中,则不需要重复计算机柜内容。

⑤消防楼层分线箱(模块箱)

清单编码:030904008 模块(模块箱);

项目特征:名称、规格、类型、输出形式;

计量单位:台;

计算规则:按设计图示数量计算;

工作内容:安装、校接线、编码、调试。

在描述消防楼层分线箱(模块箱)项目名称及项目特征时,应注意箱子型号、规格及安装形式,常见安装方式为挂墙明装。

⑥各类探测器

清单编码:030904001 点型探测器;

项目特征:名称、规格、线制、类型;

计量单位:个;

计算规则:按设计图示数量计算;

工作内容:底座安装、探头安装、校接线、编码、探测器调试。

在计算各类探测器时,应区分探测器类型计算,常见点型探测器包括火焰、烟感、温感、红外光束、可燃气体探测器以及复合型探测器等。

探测器的线制主要包括总线制与多线制两种,总线制具有编码功能,多线制无编码功能。

探测器安装已包含所需底座安装,配套底座不需要另行列项计算。

线型探测器应套用【030904002 线型探测器】以"米"为单位,按设计图示长度计算。

⑦消防按钮

清单编码:030904003 按钮;

项目特征:名称、规格;

计量单位:个;

计算规则:按设计图示数量计算;

工作内容:安装、校接线、编码、调试。

各类消防按钮应区分其类型计算,常见有消火栓箱报警按钮与手动报警按钮。

在计算消火栓报警按钮时,应注明其名称、型号、规格、安装方式以及是否具有启泵功能等内容。

在计算手动报警按钮时,应注明其名称、型号、规格、安装方式以及是否带消防电话插孔等内容。

⑧总线隔离器(总线短路保护器)

清单编码:030904008 模块;

项目特征:安装、校接线、编码、调试;

计量单位:个;

计算规则:按设计图示数量计算;

工作内容:安装、校接线、编码、调试。

⑨声光报警器

清单编码:030904005 声光报警器;

项目特征:名称、规格;

计量单位:个;

计算规则:按设计图示数量计算;

工作内容:安装、校接线、编码、调试。

⑩楼层显示器,又称火灾显示盘、重复显示器等

清单编码:030904009 区域报警控制箱;

项目特征:多线制、总线制、安装方式、控制点数量、显示器类型;

计量单位:台;

计算规则:按设计图示数量计算;

工作内容:本体安装、校接线、摇测绝缘电阻、排线、绑扎、导线标识、显示器安装、调试。

广西执行【桂 030904020 重复显示器】以"台"为单位,按设计图示数量计算。

⑪消防广播

清单编码:030904007 消防广播(扬声器);

项目特征:名称、功率、安装方式;

计量单位:个;

计算规则:按设计图示数量计算;

工作内容:安装、校接线、编码、调试。

在计算消防广播时,应注意描述其名称、型号、安装方式,常见安装方式有吸顶安装与壁装等。

⑫消防电话分机

清单编码:030904006 消防报警电话插孔(电话);

项目特征:名称、规格、安装方式;

计量单位:部;

计算规则:按设计图示数量计算;

工作内容:安装、校接线、编码、调试。

⑬模块

消防专用模块是消防系统与其他专业系统联动控制的桥梁,常有输入模块、输出模块以及同时具有输入与输出功能的模块,同时也分为单输入、单输出、多输入、多输出等类型。

清单编码:030904008 模块(模块箱);

项目特征:名称、规格、类型、输出形式;

计量单位:个;

计算规则:按设计图示数量计算;

工作内容:安装、校接线、编码、调试。

在计算各类模块时,应注意其型号、规格以及类型。模块安装所需底座已包含在模块安装中,底座不需要另行列项计算。

⑭消防专用桥架(线槽)

消防专用桥架(线槽)工程量计算方法与强电桥架(线槽)相同,注意不要漏算桥架安装所需支、吊架制作安装内容。

⑮电气配管

消防线路敷设所需电气配管工程量计算方法与强电相同,注意不要漏算相应的刨沟槽与所刨沟槽恢复内容。

⑯消防专用配线

消防常用导线类型有:

报警总线与消防广播配线常用多芯软导线,如 NH-RVS-2×1.5,套用【030411004 配线】清单条目计算,注意区分敷设方式,常见的有穿管敷设与沿桥架(线槽)布放,工程量应根据各省、市、自治区规定计算相应的预留长度。

消防电源则采用与强电相同的导线,如 NH-BV-2×2.5,套用【030411004 配线】清单条目计算,注意区分敷设方式,常见的有穿管敷设与沿桥架(线槽)布放,工程量应根据各省、市、自治区规定计算相应的预留长度。

消防电话系统配线则通常采用电话专用线缆,如 ZC-RVVP-2×1.5,套用【030502006 穿放、布放电话线缆】清单条目计算,注意区分敷设方式,常见的有穿管敷设与沿桥架(线槽)布放,工程量应根据各省、市、自治区规定计算相应的预留长度。

多线控制线则常采用控制电缆敷设,如 NH-KVV-5×1.5,套用【030408002 控制电缆】清单条目计算,注意区分敷设方式,常见的有穿管敷设与沿桥架(线槽)布放,工程量应根据各省、市、自治区规定计算相应的预留长度与附加长度,同时应视具体情况列项计算相应的控制电缆头,套用【030408007 控制电缆头】清单条目,一根控制电缆按两个连接头计算。

⑰火灾自动报警系统及消防联动控制系统调试项目

【030905001 自动报警系统调试】,计量单位"系统",项目名称及项目特征描述应注意"线制"以及"点数","点"应与火灾自动报警主机的"点数"一致,一套火灾自动报警系统工程量按 1 个系统计算。

【030905002 水灭火控制装置调试】,自动喷水灭火系统按水流指示器、湿式报警阀水力开关数量以点(支路)计算,消火栓灭火系统按消火栓启泵按钮数量以"点"计算,消防水炮系统按水炮数量以"点"计算。

广西增加了火灾事故广播、消防通信系统调试项目,执行【桂 030905005 火灾事故广播、消防通信系统调试】,其中火灾事故广播、消防通信系统调试按消防广播喇叭及音箱、电话插孔和消防通信的电话分机的数量计算。

二维码 2-8
例 2-4 所需资料

（3）火灾自动报警系统及消防联动控制系统工程量清单编制案例

【例 2-4】 根据所给图纸资料（二维码 2-8），完成图中火灾自动报警及消防联动控制系统工程量清单编制，并依据计算结果填写工程量清单表。

【解】 依据所给资料，计算得本例工程量清单如表 2-22 所示。

表 2-22 分部分项工程和单价措施项目清单与计价表（火灾自动报警及消防联动控制系统）

工程名称：火灾自动报警及消防联动控制系统　　　　　　　　　　　　　　　　　第 1 页 共 1 页

序号	项目编码	项目名称及项目特征描述	计量单位	工程量	综合单价	合价	其中：暂估价
					金额（元）		
		分部分项工程					
		B5 建筑智能化系统设备安装工程					
1	030904008001	JX 塔楼消防端子箱　明装	台	1			
2	030904008002	短路隔离器	个	2			
3	030904001001	感烟探测器　总线制　吸顶安装	个	23			
		含底座安装					
4	030904003001	消火栓按钮　消火栓箱内　明装	个	4			
5	030904003002	手动报警按钮（带电话插孔）　明装	个	2			
6	030904005001	声光报警器　明装	个	2			
7	030904007001	消防广播　吸顶安装	个	2			
8	030904008003	单输入模块 I	个	2			
		含底座安装					
9	030904008004	I/O 单输入单输出模块	个	6			
		含底座安装					
10	030411001001	配管　砖、混凝土结构暗配　JDG20	m	290.89			
11	030411004001	管内穿线　ZNRVS-2×1.5	m	327.99			
12	030411004002	管内穿线　动力线路　ZNBV-2.5mm²	m	178.77			

本例工程量计算表见表 2-23。

表 2-23　工程量计算表(火灾自动报警及消防联动控制系统)

工程名称:火灾自动报警及消防联动控制系统　　　　　　　　　　　　　第 1 页　共 4 页

编号	工程量计算式	单位	标准工程量	定额工程量
	单价措施项目			
	分部分项项目			
	B5 建筑智能化系统设备安装工程			
030904008001	JX 塔楼消防端子箱　明装	台	1	1
	1		1	1
B5-1336	消防专用模块(模块箱)安装　端子箱	台	1	1
	1		1	1
030904008002	短路隔离器	个	2	2
	2		2	2
B5-1333	消防专用模块(模块箱)安装　模块　单输入单输出	个	2	2
	2		2	2
030904001001	感烟探测器　总线制　吸顶安装	个	23	23
	含底座安装			
	23		23	23
B5-1308	点型探测器安装　感烟、感温探测器	个	23	23
	23		23	23
030904003001	消火栓按钮　消火栓箱内　明装	个	4	4
	4		4	4
B5-1316	按钮安装　火灾报警按钮(带电话插孔)	个	4	4
	4		4	4
030904003002	手动报警按钮(带电话插孔)　明装	个	2	2
	2		2	2
B5-1316	按钮安装　火灾报警按钮(带电话插孔)	个	2	2
	2		2	2
030904005001	声光报警器　明装	个	2	2
	2		2	2

续表 2-23

编号	工程量计算式	单位	标准工程量	定额工程量
B5-1318	消防警铃、声光报警器安装 声光报警器	个	2	2
	2		2	2
030904007001	消防广播 吸顶安装	个	2	2
	2		2	2
B5-1326	消防广播(扬声器)安装 扬声器 吸顶式	个	2	2
	2		2	2
030904008003	单输入模块 I	个	2	2
	含底座安装			
	2		2	2
B5-1329	消防专用模块(模块箱)安装 模块 单输入	个	2	2
	2		2	2
030904008004	I/O 单输入单输出模块	个	6	6
	含底座安装			
	6		6	6
B5-1333	消防专用模块(模块箱)安装 模块 单输入单输出	个	6	6
	6		6	6
030411001001	配管 砖、混凝土结构暗配 JDG20	m	290.89	290.89
	290.89		290.89	290.89
B4-1521	砖、混凝土结构暗配 扣压式(KBG)、紧定式(JDG)电气钢导管规格 20	100 m	290.89	2.9089
	//2F 消防广播支线			
BC	(3.7-1.0)+11.686+17.553		31.94	0.3194
	//2F 消防电话支线			
F	(3.7-1.0)+13.731+21.027+(3.7-1.4)×3		44.36	0.4436
	//2F 消防报警总线支线+消防电源线			
SD				
	//2F 消防报警总线支线			
SD	(3.7-1.0)+1.535+3.259+5.091+7.234+4.799+7.747+2.266+2.132+(3.7-2.2)+(3.7-1.5)×7		58.75	0.5875

编号	工程量计算式	单位	标准工程量	定额工程量
SD	4.543＋4.789＋2.780＋2.118＋(3.7－2.2)＋(3.7－1.5)×2＋(3.7－1.3)×2		24.93	0.2493
	//2F 消防报警总线支线			
S	(3.7－1.4)－(3.7－2.2)＋(3.7－2.2)＋1.050＋5.490＋5.615×2＋8.487		28.56	0.2856
	4.691＋4.686＋4.929＋(3.7－1.4)		16.61	0.1661
S	15.14		15.14	0.1514
S	(3.7－1.4)－(3.7－2.2)＋2.693＋10.645＋1.332＋(3.7－1.4)＋(3.7－2.2)×2		20.77	0.2077
S	5.756＋18.511×2＋7.054		49.83	0.4983
030411004001	管内穿线　ZNRVS-2×1.5	m	327.99	327.99
	327.99		327.99	327.99
B4-1611	管内穿线　多芯软导线　二芯　导线截面(mm² 以内)1.5	100 m 束	327.99	3.2799
	//2F 消防广播支线			
BC	(3.7－1.0)＋11.686＋17.553		31.939	0.31939
预留	0.7＋0.5×2		1.7	0.017
	//2F 消防电话支线			
F	(3.7－1.0)＋13.731＋21.027＋(3.7－1.4)×3		44.358	0.44358
预留	0.7＋0.5×2		1.7	0.017
	//2F 消防报警总线支线＋消防电源线			
SD	(3.7－1.0)＋1.535＋3.259＋5.091＋7.234＋4.799＋7.747＋2.266＋2.132＋(3.7－2.2)＋(3.7－1.5)×7		58.75	0.5875
SD	4.543＋4.789＋2.780＋2.118＋(3.7－2.2)＋(3.7－1.5)×2＋(3.7－1.3)×2		24.93	0.2493
	//2F 消防报警总线支线			
S	(3.7－1.4)－(3.7－2.2)＋(3.7－2.2)＋1.050＋5.490＋5.615×2＋8.487		28.557	0.28557
	4.691＋4.686＋4.929＋(3.7－1.4)		16.606	0.16606
S	15.141		15.141	0.15141
S	(3.7－1.4)－(3.7－2.2)＋2.693＋10.645＋1.332＋(3.7－1.4)＋(3.7－2.2)×2		20.77	0.2077

续表 2-23

编号	工程量计算式	单位	标准工程量	定额工程量
S	$5.756+18.511\times2+7.054$		49.832	0.49832
预留	$0.7+1\times23+0.5\times20$		33.7	0.337
030411004002	管内穿线 动力线路 ZNBV-2.5 mm²	m	178.77	178.77
	178.77		178.77	178.77
B4-1582	管内穿线 动力线路 铜芯 导线截面(mm² 以内) 2.5	100 m 单线	178.77	1.7877
	//2F 消防报警总线支线+消防电源线			
SD=2	$(3.7-1.0)+1.535+3.259+5.091+7.234+4.799+7.747+2.266+2.132+(3.7-2.2)+(3.7-1.5)\times7$		117.50	1.1750
SD=2	$4.543+4.789+2.780+2.118+(3.7-2.2)+(3.7-1.5)\times2+(3.7-1.3)\times2$		49.86	0.4986
预留=2	$0.7+0.5\times10$		11.4	0.114

注:火灾自动报警及消防联动控制系统中电气配管敷设所需凿槽及所凿沟槽恢复工程量计算方法与电气设备安装工程相同,此处不再举例示范。

五、思想政治素养养成

引导学生严格遵守岗位职责,树立社会责任感。

六、任务分组(表 2-24)

表 2-24　任务分组单(火灾自动报警及消防联动控制系统)

班级		指导老师	
组长姓名		组长学号	
成员 1,学号:　　　　　　姓名: 任务描述:			
成员 2,学号:　　　　　　姓名: 任务描述:			
成员 3,学号:　　　　　　姓名: 任务描述:			
成员 4,学号:　　　　　　姓名: 任务描述:			

说明:小组成员自愿组合,原则上不超过 4 名同学为一小组。

七、任务成果表(表 2-25)

表 2-25　任务成果表(火灾自动报警及消防联动控制系统)

序号	项目编码	项目名称及项目特征描述	计算单位	工程量

说明:行数不够请自行添加。

八、小组互评表(表2-26)

表 2-26 小组互评表(火灾自动报警及消防联动控制系统)

班级		学号		姓名		得分	
评价指标		评价内容				分值	评价分数
信息检索能力		能自觉查阅规范,将查到的知识运用到学习中				5分	
课堂学习情况		是否认真听课,进行有效笔记;是否在课堂中积极思考、回答问题,并学有所获				10分	
沟通交流能力		积极主动与小组成员沟通交流,共同讨论,气氛和谐,并在和谐、平等、互相尊重的基础上,与小组成员共同提高与进步				5分	
知识能力		掌握了清单编码的编制与运用规则				20分	
		掌握了工程量计算规则,并准确地完成工程量计算				20分	
		掌握了项目名称及项目特征描述的基本要求				20分	
		掌握了分项的基本方法并能依据所给资料将所需计算的内容正确进行分项计算				20分	
全体组员签名							
						年 月 日	

说明:本表应由组长组织全体组员,客观公正地对全组成员进行合理评价。

九、教师评价表(表2-27)

表 2-27 教师评价表(火灾自动报警及消防联动控制系统)

班级		姓名		学号		分值	评价分数
作品完成度		1.项目编码是否准确				15分	
		2.是否能正确对计算内容进行分项计算				15分	
		3.是否能准确描述项目名称				15分	
		4.工程量是否准确或在合理的误差范围内				15分	
课堂及平时表现		1.是否按时完成作业				5分	
		2.考勤				10分	
		3.课堂表现是否突出,认真听课,认真思考并积极回答问题、解决问题				5分	
自主学习情况		1.是否主动查阅相关信息资料自主学习				10分	
		2.是否能与组内成员积极探讨,达成共识				10分	
总分							

模块三　给排水工程工程量清单编制

项目一　给排水管道工程量清单编制

任务一　给水管道工程量清单编制

一、任务描述

根据所给资料(二维码3-1)，完成给水管道工程量清单编制。

二维码 3-1　给水
管道工程量清单
编制所需资料

二、学习目标

(1)掌握给水管道工程量清单编制方法；

(2)掌握给水管道项目名称及项目特征描述的基本要求；

(3)熟练掌握给水管道工程量计算规则，并能独立完成相应工程量计算。

三、任务分析

(1)重点

给水管道工程量清单编制方法。

(2)难点

①给水管道项目名称及项目特征描述；

②给水管道工程量计算。

四、相关知识链接

(1)准备知识

①建筑给排水工程分为室内给排水工程与室外给排水工程。

室内给水工程与室外给水工程分界：以建筑物入口阀门（水表井）为界，阀门以外为室外给水工程，阀门以内为室内给水工程，无阀门且无水表者，以距建筑物外墙皮 1.5m 为界。

②建筑给水施工图主要包括目录、设计说明、给水系统图、给水平面图、给水大样图以及设备材料表等内容。

③给水管道常用管材包括镀锌钢管、不锈钢管、铜管、铸铁管、塑料管与复合管等。

④管道输送介质包括水、中水、热媒体（如热水）、燃气等，给水管道以输送生活冷水、生活热水以及供暖热蒸汽为主。

⑤管道规格以公称直径 DN 或管道外径 De 为标准。

⑥管道连接方式主要包括螺纹连接、法兰连接、焊接连接、沟槽连接与热熔连接等。

常见给排水施工图图例如图 3-1 所示。

序号	名　称	图例		序号	名　称	图例	
		平面	立面			平面	立面
1	生活给水管	—J—	JL-1	23	湿式报警阀	◉	
2	污水管	——W——	WL-1	24	水流指示器	Ⓛ	同左
3	雨水管	——Y——	YL-1	25	末端试水装置	⊙	
4	废水管	—F—	FL-1	26	自动排气阀	θ	
5	凝结水管	—K—	KL-1	27	直立型闭式喷头	—○—	
6	通气管	—T—	TL-1	28	下垂型闭式喷头	—○—	
7	热给水管道	—RJ—	RJL-1	29	上下喷闭式喷头	—⊙—	
8	热回水管道	——RH——	RHL-1	30	侧墙闭式喷头	—○—	
9	消火栓管	—X—	XL-1	31	室内消火栓单栓	◩	◑
10	自动喷淋管	—ZP—	ZPL-1	32	室内消火栓单栓	◪	◓
11	消防水炮管	—SP—	SPL-1	33	室外消火栓	⊶	
12	闸阀	◼	同左	34	消防水泵接合器	Ψ	Ψ
13	蝶阀	◸	同左	35	手提式灭火器	⚠	磷酸铵盐
14	遥控信号阀	◁	同左	36	推车式灭火器	▲	磷酸铵盐
15	倒流防止装置	▶	同左	37	水表	⊘	同左
16	止回阀	◺	同左	38	压力表	℗	同左
17	截止阀	●	同左	39	管道补偿器	—◇—	同左
18	安全阀	♯	同左	40	管道补偿器	—▭—	同左
19	球阀	◁▷	同左	41	减压孔板	—╫—	同左
20	减压阀	▱	同左	42	活接头	—╫—	同左
21	水力液位控制阀	▶◁	同左	43	可曲挠橡胶接头	—◖◗—	同左
22	水泵	◉	同左	44	刚性防水套管	═	同左

序号	名　称	图例		序号	名　称	图例	
		平面	立面			平面	立面
45	柔性防水套管		同左	59	圆形地漏		
46	弯折管			60	洗衣机地漏		
47	水龙头			61	排水栓		
48	液压式脚踏阀延时自闭式阀			62	清扫口		
49	自闭式冲洗阀			63	检查口		
50	感应式小便器冲洗阀			64	通气帽		
51	淋浴器	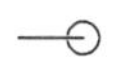		65	雨水斗		
52	小便器			66	侧壁雨水斗		
53	污水池			67	单算雨水口		
54	洗脸盆			68	双算雨水口		
55	家用洗涤盆			69	阀门井		
56	浴盆	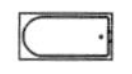		70	圆形检查井	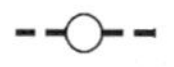	
57	蹲式大便器			71	化粪池	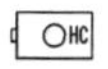	
58	坐式大便器			72	隔油池	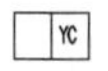	

图 3-1　常见给排水施工图图例

(2)给水管道工程量清单编制

①镀锌钢管

清单编码:0301001001 镀锌钢管;

项目特征:安装部位、介质、规格、压力、连接形式;

计量单位:米;

计算规则:按设计图示管道中心线以延长米计算;

工作内容:管道安装、管件制作安装、压力试验、吹扫、冲洗、消毒、警示带铺设。

②钢管

清单编码:0301001002 钢管;

项目特征:安装部位、介质、规格、压力、连接形式;

计量单位:米;

计算规则:按设计图示管道中心线以延长米计算;

工作内容:管道安装、管件制作安装、压力试验、吹扫、冲洗、消毒、警示带铺设。

③不锈钢管

清单编码:0301001003 不锈钢管;

项目特征:安装部位、介质、规格、压力、连接形式;

计量单位:米;

计算规则:按设计图示管道中心线以延长米计算;

工作内容:管道安装、管件制作安装、压力试验、吹扫、冲洗、消毒、警示带铺设。

④铜管

清单编码:0301001004 铜管;

项目特征:安装部位、介质、规格、压力、连接形式;

计量单位:米;

计算规则:按设计图示管道中心线以延长米计算;

工作内容:管道安装、管件制作安装、压力试验、吹扫、冲洗、消毒、警示带铺设。

⑤铸铁管

清单编码:0301001005 铸铁管;

项目特征:安装部位、介质、材质、规格、连接形式、接口材料;

计量单位:米;

计算规则:按设计图示管道中心线以延长米计算;

工作内容:管道安装、管件制作安装、压力试验、灌水试验、通球试验、吹扫、冲洗、消毒、警示带铺设。

⑥塑料管

清单编码:0301001006 塑料管;

项目特征:安装部位、介质、材质、规格、连接形式;

计量单位:米;

计算规则:按设计图示管道中心线以延长米计算;

工作内容:管道安装、管件制作安装、压力试验、灌水试验、通球试验、吹扫、冲洗、消毒、警示带铺设。

⑦复合管

清单编码:0301001007 复合管;

项目特征:安装部位、介质、材质、规格、连接形式;

计量单位:米;

计算规则:按设计图示管道中心线以延长米计算;

工作内容:管道安装、管件制作安装、压力试验、吹扫、冲洗、消毒、警示带铺设。

(3)给水管道工程量清单编制注意事项

①给水管道项目名称及项目特征描述应包括相应的安装部位(室内、室外)、输送介质(如冷水、热水等)、规格、连接形式等内容,金属管道还应注明压力等级等基本信息。

②给水管道工程量＝水平管长＋立管管长。

水平管长应在平面图或大样图中量取,不扣除管路中阀门、管件(包括减压阀、疏水器、水表、伸缩器等)所占长度,在计算时注意依据相应的设计图比例进行单位长度换算。

立管管长应在系统图或轴测图中依据管道设计标高计取。

给水管道工程量应计算至卫生器具(含附件)前与管道系统连接的第一个连接件,如角阀、冲洗阀、三通、弯头等。

③给水管道均含管卡安装工作内容,但在立管、楼板下固定管道用的支架制作与安装需另行计算。

④管道安装中不包括阀门及伸缩器的制作安装,按相应项目另行计算。

⑤钢管安装定额未含支、吊架制作安装,需另行计算。

⑥给水管道埋地敷设时,未包含土方工程,土方工程应另行列项计算。

⑦铸铁管安装适用于承插铸铁管、球墨铸铁管、柔性抗震铸铁管等。

⑧塑料管安装适用于 UPVC、PVC、PP-C、PP-R、PE、PB 管等塑料管道。

⑨复合管安装适用于钢塑复合管、铝塑复合管、钢骨架复合管等复合型管道。

(4)给水管道工程工程量清单编制示例

二维码 3-2

【例 3-1】　根据所给图纸资料(二维码 3-2),完成图中给水管道工程量清单编制,并依据计算结果填写工程量清单表。

【解】　依据所给资料,经计算得给水管道工程量清单如表 3-1 所示。

例 3-1 所需资料

表 3-1　分部分项工程和单价措施项目清单与计价表(给水管道)

工程名称:给水管道工程　　　　　　　　　　　　　　　　　　　　　　　　　第 1 页　共 1 页

序号	项目编码	项目名称及项目特征描述	计量单位	工程量	金额(元)		
					综合单价	合价	其中:暂估价
		分部分项工程					
		B9 给排水、燃气工程					
1	031001006001	室内 PP-R 冷水给水管　热熔连接 DN40 S5 系列($P_N=1.0$ MPa)	m	64.10			
2	031001006002	室内 PP-R 冷水给水管　热熔连接 DN32 S5 系列($P_N=1.0$ MPa)	m	81.20			
3	031001006003	室内 PP-R 冷水给水管　热熔连接 DN15 S5 系列($P_N=1.0$ MPa)	m	75.60			

本例工程量计算表见表 3-2。

表 3-2　工程量计算表(给水管道)

工程名称:给水管道工程　　　　　　　　　　　　　　　　　　　　　　　第 1 页 共 1 页

编号	工程量计算式	单位	标准工程量	定额工程量
单价措施项目				
分部分项项目				
	B9 给排水、燃气工程			
031001006001	室内 PP-R 冷水给水管　热熔连接　DN40 S5 系列(P_N = 1.0 MPa)	m	64.10	64.10
	64.10		64.10	64.10
B9-0117	塑料给水管(热熔连接)安装　公称外径(mm 以内)50	10 m	64.10	6.410
	//卫生间 1,共 8 间			
=8	0.6＋2.788＋0.375＋1.085＋0.64＋0.45＋0.95＋0.95＋0.55		64.10	6.410
031001006002	室内 PP-R 冷水给水管　热熔连接 DN32 S5 系列(P_N = 1.0 MPa)	m	81.20	81.20
	81.20		81.20	81.20
B9-0116	塑料给水管(热熔连接)安装　公称外径(mm 以内)40	10 m	81.20	8.120
	//卫生间 1,共 8 间			
=8	0.2＋2.35＋3.1＋(2.8－0.55)×2		81.20	8.120
031001006003	室内 PP-R 冷水给水管　热熔连接　DN15 S5 系列(P_N = 1.0 MPa)	m	75.60	75.60
	75.60		75.60	75.60
B9-0113	塑料给水管(热熔连接)安装　公称外径(mm 以内)20	10 m	75.60	7.560
	//卫生间 1,共 8 间			
=8	(2.8－0.25)＋(2.8－0.5)×3		75.60	7.560

▋五、思想政治素养养成

　　培养学生严谨对待工作的态度,提高职业认同感,提高职业岗位责任意识。

六、任务分组(表 3-3)

表 3-3　任务分组单(给水管道)

班级		指导老师	
组长姓名		组长学号	
成员 1,学号:　　　　姓名:			
任务描述:			
成员 2,学号:　　　　姓名:			
任务描述:			
成员 3,学号:　　　　姓名:			
任务描述:			
成员 4,学号:　　　　姓名:			
任务描述:			

说明:小组成员自愿组合,原则上不超过 4 名同学为一小组。

七、任务成果表(表 3-4)

表 3-4   任务成果表(给水管道)

序号	项目编码	项目名称及项目特征描述	计算单位	工程量

说明:行数不够请自行添加。

八、小组互评表(表 3-5)

表 3-5 小组互评表(给水管道)

班级		学号		姓名		得分	
评价指标	评价内容					分值	评价分数
信息检索能力	能自觉查阅规范,将查到的知识运用到学习中					5 分	
课堂学习情况	是否认真听课,进行有效笔记;是否在课堂中积极思考、回答问题,并学有所获					10 分	
沟通交流能力	积极主动与小组成员沟通交流,共同讨论,气氛和谐,并在和谐、平等、互相尊重的基础上,与小组成员共同提高与进步					5 分	
知识能力	掌握了清单编码的编制与运用规则					20 分	
	掌握了工程量计算规则,并准确地完成工程量计算					20 分	
	掌握了项目名称及项目特征描述的基本要求					20 分	
	掌握了分项的基本方法并能依据所给资料将所需计算的内容正确进行分项计算					20 分	
全体组员签名						年 月 日	

说明:本表应由组长组织全体组员,客观公正地对全组成员进行合理评价。

九、教师评价表(表 3-6)

表 3-6 教师评价表(给水管道)

班级		姓名		学号		分值	评价分数
作品完成度	1.项目编码是否准确					15 分	
	2.是否能正确对计算内容进行分项计算					15 分	
	3.是否能准确描述项目名称					15 分	
	4.工程量是否准确或在合理的误差范围内					15 分	
课堂及平时表现	1.是否按时完成作业					5 分	
	2.考勤					10 分	
	3.课堂表现是否突出,认真听课,认真思考并积极回答问题、解决问题					5 分	
自主学习情况	1.是否主动查阅相关信息资料自主学习					10 分	
	2.是否能与组内成员积极探讨,达成共识					10 分	
总分							

任务二　排水管道工程量清单编制

一、任务描述

根据所给资料(二维码 3-3),完成排水管道工程量清单编制。

二维码 3-3　排水
管道工程量清单
编制所需资料

二、学习目标

(1)掌握排水管道工程量清单编制方法;
(2)掌握排水管道项目名称及项目特征描述的基本要求;
(3)熟练掌握排水管道工程量计算规则,并能独立完成相应工程量计算。

三、任务分析

(1)重点
排水管道工程量清单编制方法。
(2)难点
①排水管道项目名称及项目特征描述;
②排水管道工程量计算。

四、相关知识链接

(1)准备知识
①界线划分:室内排水工程与室外排水工程以出户第一个排水检查井为界划分。
②建筑排水施工图主要包括目录、设计说明、排水系统图、排水平面图、排水大样图以及设备材料表等内容。
③排水管道常用管材包括镀锌钢管、不锈钢管、铜管、铸铁管、塑料管与复合管等。
④管道输送介质包括污水、排水、雨水、空调冷凝水等。
(2)排水管道工程量清单编制
①镀锌钢管
清单编码:0301001001 镀锌钢管;
项目特征:安装部位、介质、规格、压力、连接形式;
计量单位:米;
计算规则:按设计图示管道中心线以延长米计算;
工作内容:管道安装、管件制作安装、压力试验、吹扫、冲洗、消毒、警示带铺设。
②钢管
清单编码:0301001002 钢管;
项目特征:安装部位、介质、规格、压力、连接形式;
计量单位:米;
计算规则:按设计图示管道中心线以延长米计算;
工作内容:管道安装、管件制作安装、压力试验、吹扫、冲洗、消毒、警示带铺设。

③不锈钢管

清单编码:0301001003 不锈钢管;

项目特征:安装部位、介质、规格、压力、连接形式;

计量单位:米;

计算规则:按设计图示管道中心线以延长米计算;

工作内容:管道安装、管件制作安装、压力试验、吹扫、冲洗、消毒、警示带铺设。

④铜管

清单编码:0301001004 铜管;

项目特征:安装部位、介质、规格、压力、连接形式;

计量单位:米;

计算规则:按设计图示管道中心线以延长米计算;

工作内容:管道安装、管件制作安装、压力试验、吹扫、冲洗、消毒、警示带铺设。

⑤铸铁管

清单编码:0301001005 铸铁管;

项目特征:安装部位、介质、材质、规格、连接形式、接口材料;

计量单位:米;

计算规则:按设计图示管道中心线以延长米计算;

工作内容:管道安装、管件制作安装、压力试验、灌水试验、通球试验、吹扫、冲洗、消毒、警示带铺设。

⑥塑料管

清单编码:0301001006 塑料管;

项目特征:安装部位、介质、材质、规格、连接形式;

计量单位:米;

计算规则:按设计图示管道中心线以延长米计算;

工作内容:管道安装、管件制作安装、压力试验、灌水试验、通球试验、吹扫、冲洗、消毒、警示带铺设。

⑦复合管

清单编码:0301001007 复合管;

项目特征:安装部位、介质、材质、规格、连接形式;

计量单位:米;

计算规则:按设计图示管道中心线以延长米计算;

工作内容:管道安装、管件制作安装、压力试验、吹扫、冲洗、消毒、警示带铺设。

(3)排水管道工程量清单编制注意事项

①排水管道项目名称及项目特征描述应包括相应的安装部位(室内、室外)、输送介质(如冷水、热水等)、规格、连接形式等内容。

②室内排水管道与室外排水管道以出建筑物第一个排水检查井为界。

③排水管道工程量＝水平管长＋立管管长。

水平管长应在平面图或大样图中量取,不扣除管路中管件所占长度,在计算时注意依据相应的设计图比例尺进行单位长度换算。排水管道工程量,应按设计中心线长度扣除井的长度计算,每座井排水管道扣除长度如表 3-7 所示。

表 3-7 检查井排水管道扣除长度

检查井规格	扣除长度(m)	检查井规格	扣除长度(m)
C700	0.40	各种矩形井	1.00
C1000	0.70	各种交汇井	1.20
C1250	0.95	各种扇形井	1.00
C1500	1.20	圆形跌水井	1.60
C2000	1.70	矩形跌水井	1.70
C2500	2.20	阶梯式跌水井	按实际扣

立管管长应在系统图或轴测图中依据管道设计标高计取。排水管道工程量应自卫生器具出口处的地面或封面设计尺寸算起,与地漏连接的排水管自地面设计尺寸算起,不扣除地漏所占长度。

④铸铁排水管、雨水管及塑料排水管、雨水管均包括立管检查口、管卡、伸缩节、透气帽制作与安装等内容。

⑤排水管道安装已包括管卡内容,但在立管、楼板下固定管道用的支架的制作与安装需另行计算。

(4)排水管道工程量清单编制示例

【例 3-2】 根据所给图纸资料(二维码 3-4),完成图中排水管道工程量清单编制,并依据计算结果填写工程量清单表。

【解】 依据所给资料,经计算得到排水管道工程量清单如表 3-8 所示。

二维码 3-4
例 3-2 所需资料

表 3-8 分部分项工程和单价措施项目清单与计价表(排水管道)

工程名称:排水管道工程

第 1 页 共 1 页

序号	项目编码	项目名称及项目特征描述	计量单位	工程量	金额(元) 综合单价	合价	其中:暂估价
		分部分项工程					
		B9 给排水、燃气工程					
1	031001006001	室内承插 PVC-U 塑料排水管 De50 粘接连接	m	12.88			
2	031001006002	室内承插 PVC-U 塑料排水管 De75 粘接连接	m	0.95			
3	031001006003	室内承插 PVC-U 塑料排水管 De110 粘接连接	m	13.17			

本例工程量计算表见表 3-9。

表 3-9　工程量计算表(排水管道)

工程名称:排水管道工程 第 1 页 共 1 页

编号	工程量计算式	单位	标准工程量	定额工程量
	单价措施项目			
	分部分项项目			
	B9 给排水、燃气工程			
031001006001	室内承插 PVC-U 塑料排水管　De50 粘接连接	m	12.88	12.88
	12.88		12.88	12.88
B9-0148	承插塑料排水管(粘接连接)　公称外径(mm 以内)50	10 m	12.88	1.288
	//卫生间			
男厕	1.435＋0.531＋1.871＋0.309×3＋(0.5)×5		7.26	0.726
女厕	3.39＋1.227＋(0.5)×2		5.62	0.562
031001006002	室内承插 PVC-U 塑料排水管　De75 粘接连接	m	0.95	0.95
	0.95		0.95	0.95
B9-0149	承插塑料排水管(粘接连接)　公称外径(mm 以内)75	10 m	0.95	0.095
	//卫生间			
男厕	0.446＋(0.5)		0.95	0.095
031001006003	室内承插 PVC-U 塑料排水管　De110 粘接连接	m	13.17	13.17
	13.17		13.17	13.17
B9-0150	承插塑料排水管(粘接连接)　公称外径(mm 以内)110	10 m	13.17	1.317
	//卫生间			
男厕	3.464＋1.195＋(0.5)×3		6.16	0.616
女厕	3.465＋0.26×4＋(0.5)×5		7.01	0.701

五、思想政治素养养成

培养学生运用专业知识的能力,提高学生对知识的分析、归纳、整理以及运用能力。

六、任务分组(表 3-10)

表 3-10　任务分组单(排水管道)

班级		指导老师	
组长姓名		组长学号	
成员 1,学号:　　　　　　姓名: 任务描述:			
成员 2,学号:　　　　　　姓名: 任务描述:			
成员 3,学号:　　　　　　姓名: 任务描述:			
成员 4,学号:　　　　　　姓名: 任务描述:			

说明:小组成员自愿组合,原则上不超过 4 名同学为一小组。

七、任务成果表(表 3-11)

表 3-11　任务成果表(排水管道)

序号	项目编码	项目名称及项目特征描述	计算单位	工程量

说明:行数不够请自行添加。

八、小组互评表(表 3-12)

表 3-12　小组互评表(排水管道)

班级		学号		姓名		得分	
评价指标		评价内容				分值	评价分数
信息检索能力		能自觉查阅规范,将查到的知识运用到学习中				5分	
课堂学习情况		是否认真听课,进行有效笔记;是否在课堂中积极思考、回答问题,并学有所获				10分	
沟通交流能力		积极主动与小组成员沟通交流,共同讨论,气氛和谐,并在和谐、平等、互相尊重的基础上,与小组成员共同提高与进步				5分	
知识能力		掌握了清单编码的编制与运用规则				20分	
		掌握了工程量计算规则,并准确地完成工程量计算				20分	
		掌握了项目名称及项目特征描述的基本要求				20分	
		掌握了分项的基本方法并能依据所给资料将所需计算的内容正确进行分项计算				20分	
全体组员签名						年　　　月　　　日	

说明:本表应由组长组织全体组员,客观公正地对全组成员进行合理评价。

九、教师评价表(表 3-13)

表 3-13　教师评价表(排水管道)

班级		姓名		学号		分值	评价分数
作品完成度		1.项目编码是否准确				15分	
		2.是否能正确对计算内容进行分项计算				15分	
		3.是否能准确描述项目名称				15分	
		4.工程量是否准确或在合理的误差范围内				15分	
课堂及平时表现		1.是否按时完成作业				5分	
		2.考勤				10分	
		3.课堂表现是否突出,认真听课,认真思考并积极回答问题、解决问题				5分	
自主学习情况		1.是否主动查阅相关信息资料自主学习				10分	
		2.是否能与组内成员积极探讨,达成共识				10分	
总分							

任务三 管道套管制作、安装工程量清单编制

一、任务描述

根据所给资料(二维码 3-5),完成管道套管制作、安装工程量清单编制。

二维码 3-5 管道套管制作、安装工程量清单编制所需资料

二、学习目标

(1)掌握管道套管制作、安装工程量清单编制方法;
(2)掌握管道套管制作、安装项目名称及项目特征描述的基本要求;
(3)熟练掌握管道套管制作、安装工程量计算规则,并能独立完成相应工程量计算。

三、任务分析

(1)重点
管道套管制作、安装工程量清单编制方法。
2.难点
根据管道套管类型计算管道套管制作、安装工程量。

四、相关知识链接

(1)准备知识
给排水管道在穿越建筑物外墙、室内墙、楼板时,都应该需要预留预埋套管。
套管分为刚性防水套管、柔性防水套管、过楼板钢套管、过楼板塑料套管、过墙钢套管、过墙塑料套管等类型,应结合规范、设计资料确定。
(2)管道套管制作、安装工程量清单编制
①清单编码:031002003 套管;
②项目特征:名称、类型、材质、规格;
③计量单位:个;
④计算规则:按设计图示数量计算;
⑤工作内容:制作、安装、除锈、刷漆。
(3)管道套管制作、安装工程量清单编制注意事项
①本清单条目适用于各类过墙、过楼板防水套管、填料套管、无填料套管、防火套管、阻火圈等;
②在计算时应区分套管的类型、材质、规格等内容分别列项计算;
③柔性、刚性防水套管适用于穿水箱、水池、地下室外墙壁、屋面等有防水要求的管道套管制作、安装;
④柔性防水套管制作、安装,其规格应按所穿越管道直径以"个"计算,其他套管规格应按所穿越管道大一级或二级管径计算;
⑤项目名称及项目特征描述应包括套管类型、材质、规格等信息,过楼板套管、防火套管、

阻火圈应描述填料信息,如填料:水泥砂浆 1:2.5;

⑥应结合设计图中的平面图、系统图与设计说明确定套管类型以及数量。

(4)管道套管制作、安装工程量清单编制示例

因管道套管制作、安装工程量计算规则为按设计图示数量计算,此处仅给列项示例,见表3-14。

表3-14 分部分项工程和单价措施项目清单与计价表(管道套管制作、安装)

工程名称:管道套管制作、安装工程　　　　　　　　　　　　　　　　　第1页 共1页

序号	项目编码	项目名称及项目特征描述	计量单位	工程量	综合单价	合价	其中:暂估价
		金额(元)					
		分部分项工程					
		B9 给排水、燃气工程					
1	031002003001	刚性防水套管制作 DN100	个	2			
2	031002003002	刚性防水套管制作 DN200	个	4			
3	031002003003	刚性防水套管制作 DN300	个	6			
4	031002003004	过楼板钢套管制作、安装 DN150 填料:水泥防水砂浆(加防水粉5%)1:2.5	个	208			
5	031002003005	过楼板塑料套管制作、安装 De110 填料:水泥防水砂浆(加防水粉5%)1:2.5	个	186			
6	桂031003022001	阻火圈安装 公称直径(mm 以内)160	个	54			

五、思想政治素养养成

增强学生将已学知识引入到本课程中的能力,提高学生综合素质,提升学生专业素养。

六、任务分组（表 3-15）

表 3-15　任务分组单（管道套管制作、安装）

班级		指导老师	
组长姓名		组长学号	
成员 1,学号：　　　　　姓名： 任务描述：			
成员 2,学号：　　　　　姓名： 任务描述：			
成员 3,学号：　　　　　姓名： 任务描述：			
成员 4,学号：　　　　　姓名： 任务描述：			

说明：小组成员自愿组合，原则上不超过 4 名同学为一小组。

七、任务成果表(表 3-16)

表 3-16　任务成果表(管道套管制作、安装)

序号	项目编码	项目名称及项目特征描述	计算单位	工程量

说明:行数不够请自行添加。

八、小组互评表(表3-17)

表 3-17　小组互评表(管道套管制作、安装)

班级		学号		姓名		得分	
评价指标		评价内容				分值	评价分数
信息检索能力		能自觉查阅规范,将查到的知识运用到学习中				5分	
课堂学习情况		是否认真听课,进行有效笔记;是否在课堂中积极思考、回答问题,并学有所获				10分	
沟通交流能力		积极主动与小组成员沟通交流,共同讨论,气氛和谐,并在和谐、平等、互相尊重的基础上,与小组成员共同提高与进步				5分	
知识能力		掌握了清单编码的编制与运用规则				20分	
		掌握了工程量计算规则,并准确地完成工程量计算				20分	
		掌握了项目名称及项目特征描述的基本要求				20分	
		掌握了分项的基本方法并能依据所给资料将所需计算的内容正确进行分项计算				20分	
全体组员签名						年　　月　　日	

说明:本表应由组长组织全体组员,客观公正地对全组成员进行合理评价。

九、教师评价表(表3-18)

表 3-18　教师评价表(管道套管制作、安装)

班级		姓名		学号		分值	评价分数
作品完成度		1.项目编码是否准确				15分	
		2.是否能正确对计算内容进行分项计算				15分	
		3.是否能准确描述项目名称				15分	
		4.工程量是否准确或在合理的误差范围内				15分	
课堂及平时表现		1.是否按时完成作业				5分	
		2.考勤				10分	
		3.课堂表现是否突出,认真听课,认真思考并积极回答问题、解决问题				5分	
自主学习情况		1.是否主动查阅相关信息资料自主学习				10分	
		2.是否能与组内成员积极探讨,达成共识				10分	
总分							

任务四　管道附件安装工程量清单编制

一、任务描述

根据所给资料(二维码 3-6),完成管道附件安装工程量清单编制。

二维码 3-6　管道
附件安装工程量
清单编制所需资料

二、学习目标

(1)掌握管道附件安装工程量清单编制方法;

(2)掌握管道附件安装项目名称及项目特征描述的基本要求;

(3)熟练掌握管道附件安装工程量计算规则,并能独立完成相应工程量计算。

三、任务分析

(1)重点

管道附件安装工程清单编制方法。

(2)难点

管道附件安装工作内容及工程量计算。

四、相关知识链接

(1)准备知识

管道附件是各类阀门、疏水器、管道补偿器、管道软接头、管道法兰、水表、液位计等具有启闭和调节功能的装置的总称。

(2)管道附件安装工程量清单编制

①阀门

清单编码:031003001 螺纹阀门;

项目特征:类型、材质、型号、规格、压力等级、连接形式、焊接方法;

计量单位:个;

计算规则:按设计图示数量计算;

工作内容:安装、压力测试、调试。

清单编码:031003002 螺纹法兰阀门;

项目特征:类型、材质、型号、规格、压力等级、连接形式、焊接方法;

计量单位:个;

计算规则:按设计图示数量计算;

工作内容:安装、压力测试、调试。

清单编码:031003003 焊接法兰阀门;

项目特征:类型、材质、型号、规格、压力等级、连接形式、焊接方法;

计算规则:按设计图示数量计算;

计量单位:个;

工作内容:安装、压力测试、调试。

清单编码:031003004 带短管甲乙阀门;

项目特征:材质、型号、规格、压力等级、连接形式、接口方式及材质;

计量单位:个;

计算规则:按设计图示数量计算;

工作内容:安装、压力测试、调试。

清单编码:031003005 塑料阀门;

项目特征:型号、规格、压力等级、连接形式;

计量单位:个;

计算规则:按设计图示数量计算;

工作内容:安装、压力测试、调试。

清单编码:031003006 减压器;

项目特征:材质、型号、规格、压力等级、连接形式、附件配置;

计量单位:个(组);

计算规则:按设计图示数量计算;

工作内容:安装、压力测试、调试。

清单编码:031003012 倒流防止器;

项目特征:材质、型号、规格、压力等级、连接形式;

计量单位:个;

计算规则:按设计图示数量计算;

工作内容:安装、压力测试。

②沟槽阀门(广西补充)

清单编码:桂 031003020 沟槽阀门;

项目特征:材质、型号、规格、压力等级;

计量单位:个;

计算规则:按设计图示数量计算;

工作内容:安装、压力测试。

③其他常见管道附件

其他常见管道附件包括水表、法兰、Y 型过滤器、管道补偿器、可曲挠性接头等。

清单编码:031003008 除污器(过滤器);

项目特征:材质、型号、规格、压力等级、连接形式;

计量单位:个;

计算规则:按设计图示数量计算;

工作内容:安装、压力测试。

清单编码:031003009 补偿器;

项目特征:类型、材质、型号、规格、压力等级、连接形式;

计量单位:个;

计算规则:按设计图示数量计算;

工作内容:安装、压力测试。

清单编码:031003010 软接头(软管);

项目特征:材质、型号、规格、压力等级、连接形式;

计量单位:个(组);

计算规则:按设计图示数量计算;

工作内容:安装、压力测试。

清单编码:031003011 法兰;

项目特征:材质、型号、规格、压力等级、连接形式;

计量单位:副(片);

计算规则:按设计图示数量计算;

工作内容:安装、压力测试。

清单编码:031003013 水表;

项目特征:型号、规格、连接形式、附件配置;

计量单位:组(个);

计算规则:按设计图示数量计算;

工作内容:安装、压力测试。

(3)管道附件安装工程量清单编制注意事项

各类常见阀门类型有:截止阀、闸阀、蝶阀、减压阀、止回阀等,应以阀门与管道的连接形式来套用清单编码;

阀门连接形式有螺纹连接、法兰连接、沟槽连接,应按设计要求确定,设计无要求,则可按DN40 及以下为螺纹连接,DN40 以上为法兰连接确定;

法兰阀门安装包括法兰连接,法兰不得另计。阀门安装如仅为一侧法兰连接时,应在项目特征中描述;

塑料阀门连接形式需注明热熔连接、粘接、热风焊接等方式;

减压器规格按高压侧管道规格描述;

减压器、疏水器、水表等项目以"组"为单位计算时,项目特征应根据设计要求描述附件配置情况,或根据××图集或×施工图做法描述;

在描述阀门等管道附件的项目名称及项目特征时应注意依据设计资料将阀门类型、材质、规格、连接方式、压力等级等信息表达完整。

(4)管道附件安装工程量清单编制示例

因管道附件安装工程量计算规则为按设计图示数量计算,此处仅给列项示例,见表3-19。

表 3-19   分部分项工程和单价措施项目清单与计价表(管道附件安装)

工程名称:管道附件安装工程   第 1 页 共 1 页

序号	项目编码	项目名称及 项目特征描述	计量 单位	工程量	金额(元)		
					综合 单价	合价	其中: 暂估价
		分部分项工程					
		B9 给排水、燃气工程					
1	031003001001	螺纹闸阀 DN25　公称压力不小于 1.0 MPa	个	1			
2	031003003001	法兰蝶阀 DN80　公称压力不小于 1.0 MPa	个	1			
3	031003001002	自动排气阀 DN15　螺纹连接　公称压力不小于 1.0 MPa	个	1			
4	031003012001	法兰止回阀 DN80　公称压力不小于 1.0 MPa	个	1			
5	031003013001	螺纹水表 DN25　含截止阀	组 (个)	1			
6	031003013002	法兰水表 DN150 含法兰闸阀 1 个、法兰止回阀 1 个	组 (个)	1			

五、思想政治素养养成

树立学生专业认同感,提高学生专业认同度,爱岗敬业,勇于担当。

六、任务分组(表 3-20)

表 3-20　任务分组单(管道附件安装)

班级		指导老师	
组长姓名		组长学号	
成员 1,学号：　　　　　姓名： 任务描述：			
成员 2,学号：　　　　　姓名： 任务描述：			
成员 3,学号：　　　　　姓名： 任务描述：			
成员 4,学号：　　　　　姓名： 任务描述：			

说明：小组成员自愿组合,原则上不超过 4 名同学为一小组。

七、任务成果表（表 3-21）

表 3-21　任务成果表（管道附件安装）

序号	项目编码	项目名称及项目特征描述	计算单位	工程量

说明：行数不够请自行添加。

八、小组互评表（表 3-22）

表 3-22　小组互评表（管道附件安装）

班级		学号		姓名		得分	
评价指标		评价内容				分值	评价分数
信息检索能力		能自觉查阅规范,将查到的知识运用到学习中				5分	
课堂学习情况		是否认真听课,进行有效笔记;是否在课堂中积极思考、回答问题,并学有所获				10分	
沟通交流能力		积极主动与小组成员沟通交流,共同讨论,气氛和谐,并在和谐、平等、互相尊重的基础上,与小组成员共同提高与进步				5分	
知识能力		掌握了清单编码的编制与运用规则				20分	
		掌握了工程量计算规则,并准确地完成工程量计算				20分	
		掌握了项目名称及项目特征描述的基本要求				20分	
		掌握了分项的基本方法并能依据所给资料将所需计算的内容正确进行分项计算				20分	
全体组员签名						年　　　月　　　日	

说明:本表应由组长组织全体组员,客观公正地对全组成员进行合理评价。

九、教师评价表（表 3-23）

表 3-23　教师评价表（管道附件安装）

班级		姓名		学号		分值	评价分数
作品完成度		1.项目编码是否准确				15分	
		2.是否能正确对计算内容进行分项计算				15分	
		3.是否能准确描述项目名称				15分	
		4.工程量是否准确或在合理的误差范围内				15分	
课堂及平时表现		1.是否按时完成作业				5分	
		2.考勤				10分	
		3.课堂表现是否突出,认真听课,认真思考并积极回答问题、解决问题				5分	
自主学习情况		1.是否主动查阅相关信息资料自主学习				10分	
		2.是否能与组内成员积极探讨,达成共识				10分	
总分							

任务五　卫生器具安装工程量清单编制

一、任务描述

根据所给资料(二维码 3-7),完成卫生器具安装工程量清单编制。

二维码 3-7　卫生
器具安装工程量
清单编制所需资料

二、学习目标

(1)掌握卫生器具安装工程量清单编制方法;

(2)掌握卫生器具安装项目名称及项目特征描述的基本要求;

(3)熟练掌握卫生器具安装工程量计算规则,并能独立完成相应工程量计算。

三、任务分析

(1)重点

卫生器具安装工程量清单编制方法。

(2)难点

①卫生器具安装工程量计算;

②成套卫生器具组成。

四、相关知识链接

(1)准备知识

常见卫生器具有水龙头、洗脸盆、大便器、小便器、浴缸、沐浴器、成套式沐浴间、地漏、清扫口等。

(2)常见卫生器具安装工程量清单编制

清单编码:031004001 浴缸;

项目特征:材质、型号、规格、组装形式,附件名称、材质、规格;

计量单位:套;

计算规则:按设计图示数量计算;

工作内容:器具安装、附件安装。

清单编码:031004003 洗脸盆;

项目特征:材质、型号、规格、组装形式,附件名称、材质、规格;

计量单位:套;

计算规则:按设计图示数量计算;

工作内容:器具安装、附件安装。

清单编码:031004004 洗涤盆;

项目特征:材质、型号、规格、组装形式,附件名称、材质、规格;

计量单位:套;

计算规则:按设计图示数量计算;

工作内容:器具安装、附件安装。

清单编码：031004006 大便器；

项目特征：材质、型号、规格、组装形式，附件名称、材质、规格；

计量单位：套；

计算规则：按设计图示数量计算；

工作内容：器具安装、附件安装。

清单编码：031004007 小便器；

项目特征：材质、型号、规格、组装形式，附件名称、材质、规格；

计量单位：套；

计算规则：按设计图示数量计算；

工作内容：器具安装、附件安装。

清单编码：031004008 其他成品卫生器具；

项目特征：材质、型号、规格、组装形式，附件名称、材质、规格；

计量单位：套；

计算规则：按设计图示数量计算；

工作内容：器具安装、附件安装。

清单编码：031004010 淋浴器；

项目特征：材质、型号、规格，附件名称、材质；

计量单位：套；

计算规则：按设计图示数量计算；

工作内容：器具安装、附件安装。

（3）卫生器具安装工程量清单编制注意事项

卫生器具应按成套产品计算，包括产品本身以及安装所需要的附件。

卫生器具附件包括所需的水嘴、阀门、喷头等，排水配件包括存水弯、排水栓、下水口及配备连接口等，如洗脸盆附件应包括水龙头、软管、角阀、存水弯等。

【031004008 其他成口卫生器具】主要指水龙头、地漏、扫除口、雨水斗、存水弯、排水栓、管道堵头等。

各类卫生器具安装已含存水弯安装工作内容，如实际不安装卫生器具，仅预留存水弯，则要单独计算存水弯安装。

广西增加了水龙头、地漏、扫除口与雨水斗等内容，其中管道堵头按水龙头套用清单编码计算：

清单编码：桂 031004020 水龙头；

项目特征：材质、型号、规格；

计量单位：个；

计算规则：按设计图示数量计算；

工作内容：安装。

清单编码：桂 031004021 地漏；

项目特征：材质、型号、规格；

计量单位：个；

计算规则：按设计图示数量计算；

工作内容:安装。

清单编码:桂 031004022 扫除口；

项目特征:材质、型号、规格；

计量单位:个；

计算规则:按设计图示数量计算；

工作内容:安装。

清单编码:桂 031004023 雨水斗；

项目特征:材质、型号、规格；

计量单位:个；

计算规则:按设计图示数量计算；

工作内容:安装。

(4)卫生器具安装工程量清单编制示例

因卫生器具安装工程量计算规则为按设计图示数量计算,此处仅给列项示例,见表 3-24。

表 3-24 分部分项工程和单价措施项目清单与计价表(卫生器具安装)

工程名称:卫生器具安装工程　　　　　　　　　　　　　　　　　　第 1 页 共 1 页

序号	项目编码	项目名称及项目特征描述	计量单位	工程量	综合单价	合价	其中:暂估价
		分部分项工程					
		B9 给排水、燃气工程					
1	031004003001	台式洗脸盆　冷水 DN15 含不锈钢水嘴 DN15、角阀、给水软管,落水装置,落水软管	套	20			
2	031004006001	蹲式大便器安装 DN25 含自闭延时冲洗阀 DN25、冲水短管、自带存水弯	套	40			
3	031004007001	立式小便器安装 DN25 含自闭式冲洗阀 DN25	套	30			
4	桂 031004020001	水龙头 DN15 铜芯球阀	个	40			
5	桂 031004021001	不锈钢地漏安装 DN75 填料:水泥防水砂浆(加防水粉 5%)1:2.5	个	20			
6	桂 031004022001	不锈钢地面扫除口安装 DN50	个	20			
7	桂 031004023001	雨水斗安装 DN100 填料:水泥防水砂浆(加防水粉 5%)1:2.5	个	16			

五、思想政治素养养成

培养学生专业精神,在渺小而平凡的工作中,实现个人价值。

六、任务分组(表 3-25)

表 3-25 任务分组单(卫生器具安装)

班级		指导老师	
组长姓名		组长学号	
成员 1,学号: 姓名: 任务描述:			
成员 2,学号: 姓名: 任务描述:			
成员 3,学号: 姓名: 任务描述:			
成员 4,学号: 姓名: 任务描述:			

说明:小组成员自愿组合,原则上不超过 4 名同学为一小组。

七、任务成果表（表 3-26）

表 3-26　任务成果表（卫生器具安装）

序号	项目编码	项目名称及项目特征描述	计算单位	工程量

说明：行数不够请自行添加。

八、小组互评表(表 3-27)

表 3-27 小组互评表(卫生器具安装)

班级		学号		姓名		得分	
评价指标		评价内容				分值	评价分数
信息检索能力		能自觉查阅规范,将查到的知识运用到学习中				5 分	
课堂学习情况		是否认真听课,进行有效笔记;是否在课堂中积极思考、回答问题,并学有所获				10 分	
沟通交流能力		积极主动与小组成员沟通交流,共同讨论,气氛和谐,并在和谐、平等、互相尊重的基础上,与小组成员共同提高与进步				5 分	
知识能力		掌握了清单编码的编制与运用规则				20 分	
		掌握了工程量计算规则,并准确地完成工程量计算				20 分	
		掌握了项目名称及项目特征描述的基本要求				20 分	
		掌握了分项的基本方法并能依据所给资料将所需计算的内容正确进行分项计算				20 分	
全体组员签名						年 月 日	

说明:本表应由组长组织全体组员,客观公正地对全组成员进行合理评价。

九、教师评价表(表 3-28)

表 3-28 教师评价表(卫生器具安装)

班级		姓名		学号		分值	评价分数
作品完成度		1.项目编码是否准确				15 分	
		2.是否能正确对计算内容进行分项计算				15 分	
		3.是否能准确描述项目名称				15 分	
		4.工程量是否准确或在合理的误差范围内				15 分	
课堂及平时表现		1.是否按时完成作业				5 分	
		2.考勤				10 分	
		3.课堂表现是否突出,认真听课,认真思考并积极回答问题、解决问题				5 分	
自主学习情况		1.是否主动查阅相关信息资料自主学习				10 分	
		2.是否能与组内成员积极探讨,达成共识				10 分	
总分							

任务六　管道支架制作、安装，管沟土方挖、填及凿槽、沟槽恢复等给排水附属工程工程量清单编制

一、任务描述

根据所给资料(二维码 3-8)，完成管道支架制作、安装，管沟土方挖、填等工程量清单编制。

二维码 3-8　给排水附属工程工程量清单编制所需资料

二、学习目标

(1)掌握管道支架制作、安装，管沟土方挖、填及凿槽、沟槽恢复等给排水附属工程工程量清单编制方法；

(2)掌握管道支架制作、安装，管沟土方挖、填及凿槽、沟槽恢复等给排水附属工程项目名称及项目特征描述的基本要求；

(3)熟练掌握管道支架制作、安装，管沟土方挖、填及凿槽、沟槽恢复等给排水附属工程工程量计算规则，并能独立完成相应工程量计算。

三、任务分析

(1)重点

管道支架制作、安装，管沟土方挖、填及凿槽、沟槽恢复等给排水附属工程工程量清单编制。

(2)难点

①管道支架制作、安装工程量计算规则；

②管沟土方挖、填工程量计算规则。

四、相关知识链接

(1)管道支架制作、安装工程量清单编制

清单编码：031002001 管道支架；

项目特征：材质；

计量单位：kg；

计算规则：按设计图示重量计算；

工作内容：制作、安装。

说明：

单件支架重量在 100 kg 以上的管道支、吊架执行【031002003 设备支架】清单条目；

成品支架安装执行相应管道支架或设备支架项目，不再计取制作费，支架本身价值含在综合单价中；

减震支架应按成品以"个"为单位计算，广西则执行【桂 031002004 支架减震器】以"个"为单位计算。

要根据各省、市、自治区计算规则及消耗量定额，确定管道支架的计算细节，如广西规定：

所有给水、排水管道定额均含管卡安装工作内容，管卡不需要再列项计算，但在立管、楼板

下固定管道用的支架制作与安装需另行计算。

钢管安装定额未含支、吊架制作、安装费用,按相应项目另行计算。但钢管安装定额已含与支、吊架配套使用的U型管卡子费用,且U型管卡子按成品考虑,计算支、吊架制作、安装工程量时,不得重复计算U型管卡子。

(2)管道支架制作、安装工程量清单编制示例

管道支架制作、安装工程量计算步骤如下:

确定单个型钢支架的重量、所需型钢支架的个数,则:

$$管道支架的重量＝单个支架重量×管道支架数量$$

其中,立管支架个数可按楼层高小于或等于5m时每层1个,楼层高大于5m时每层不少于2个统计计算;

水平管道支架个数可按下式计算:

$$某规格水平管道支架数量＝\frac{某规格管道长度}{某规格管道支、吊架最大敷设间距}$$

当计算结果有小数,则按小数进1取整计算。

在计算沿梁底敷设的水平管道支架重量时,应考虑梁高所造成的型钢重量变化。

管道支架最大间距可按表3-29至表3-31确定。

表3-29　排水塑料管道支、吊架最大间距　　　　　　　　　单位:m

管径(mm)	50	75	110	125	160
立管	1.2	1.5	2.0	2.0	2.0
横管	0.5	0.75	1.10	1.30	1.60

表3-30　钢管管道水平安装支架最大间距　　　　　　　　　单位:m

公称直径(mm)		15	20	25	32	40	50	70	80	100	125	150	200	250	300
支架的最大间距	保温管	2	2.5	2.5	2.5	3	3	4	4	4.5	6	7	7	8	8.5
	不保温管	2.5	3	3.5	4	4.5	5	6	6	6.5	7	8	9.5	11	12

表3-31　采暖、给水及热水供应系统的塑料管及复合管管道支架最大间距　　　　　　　　　单位:m

管径(mm)		12	14	16	18	20	25	32	40	50	63	75	90	110
立管		0.5	0.6	0.7	0.8	0.9	1.0	1.1	1.3	1.6	1.8	2.0	2.2	2.4
水平管	冷水管	0.4	0.4	0.5	0.5	0.6	0.7	0.8	0.9	1.0	1.1	1.2	1.35	1.55
	热水管	0.2	0.2	0.25	0.3	0.3	0.35	0.4	0.5	0.6	0.7	0.8		

【例3-6】　已知某建筑(层高3.9m)给水系统采用DN100的镀锌钢管(不保温)敷设,立管沿水井1楼敷设到6楼。水平管道沿梁底(梁高0.8m)敷设,工程量为378m,管道采用∟40×4热镀锌角钢制作管道支架,求管道支架工程量。

【解】

(1)计算立管支架

根据层高为3.9m,则立管需要每层敷设1个支架,共6层,立管支架个数为6;

查图集得每个支架需角钢0.6m,查五金密度表得该型号角钢每米的重量为2.42 kg。

每个支架重量＝0.6×2.42＝1.452 kg；

立管支架重量＝1.452×6＝8.712 kg。

（2）水平管道支架

查表 3-29，DN100 镀锌钢管水平安装支架最大间距为 6.5m，则

$$水平管道所需支架个数＝\frac{水平管道长度}{管道支、吊架最大敷设间距}＝\frac{378}{6.5}＝58.15 个。$$

应取整为 59 个。

计算水平管道单个支架重量：

水平管道单个支架由两根吊杆与一根横担组成，吊杆长度可按梁高考虑，横担长度＝管道外径＋0.05×2（每边增加 0.05m），则单个支架型钢长度＝0.8×2＋0.114＋0.1；则可求出单个水平管道支架重量如下。

单个水平管道支架重量＝（0.8×2＋0.114＋0.1）×2.42＝4.39 kg；

水平管道所需支架重量＝4.39×59＝259.01 kg。

得该规格管道敷设全总所需支架重量＝8.712＋259.01＝267.722 kg。

则本例工程量清单如表 3-32 所示。

表 3-32　分部分项工程和单价措施项目清单与计价表（管道支架制作、安装）

工程名称：管道支架制作、安装　　　　　　　　　　　　　　　　　　第 1 页 共 1 页

序号	项目编码	项目名称及项目特征描述	计量单位	工程量	金额（元）		
					综合单价	合价	其中：暂估价
		分部分项工程					
		B9 给排水、燃气工程					
1	031002001001	管道角钢支架制作、安装	kg	267.72			

（3）管沟土方挖、填工程量清单编制

清单编码：010101007 管沟土方；

项目特征：土壤类别、管外径、挖沟深度、回填要求；

计量单位：m³；

计算规则：按设计图示尺寸以体积计算；

工作内容：土方开挖、土方回填。

说明：

管沟土方回填工程量应结合规定确定是否扣除管道所占体积。

广西将土方开挖与土方回填分别列项计算，具体如下：

清单编码：桂 030413013 土方开挖；

项目特征：土壤类别、挖土深度；

计量单位：m³；

计算规则：按设计图示尺寸以体积计算，因工作面（或支挡土板）和放坡增加的工程量并入土方开挖工程量计算；

工作内容:土方开挖。

清单编码:桂 030413014 土方回填;

项目特征:填方材料品种;

计量单位:m³;

计算规则:按设计图示回填体积,以体积计算,应扣除管径在 200mm 以上的管道、基础、垫层和各种构筑物所占体积;

工作内容:回填、压实。

说明:

土方开挖的土壤类别主要包括一般土、含建筑垃圾土、泥水土、石方、混凝土路面、沥青路面、砂石路面等,在预算阶段或设计无说明时,可按一般土描述计算。

土方回填材料主要为土方和杂砂石,设计无说明时,按土方回填描述计算。

挖填方式包括人工开挖、人工回填,小型机械开挖、小型机械回填以及风镐开挖等,设计无说明时,可按人工开挖、人工回填描述计算。

给排水管沟土方一般按矩形沟计算。

给排水管沟土方挖土工程量计算:设计有规定的,按设计规定尺寸计算;设计无规定的,按管道沟底宽(按管道外径加管沟施工每侧所需工程面宽度)乘以埋深计算:

$$V = h \times b \times L$$

式中　h——管沟深度;

　　　b——沟底宽度;

　　　L——沟长。

注:

给排水施工图给水管标高一般是指管道中心标高,排水管标高是指管底标高;

在计算管沟深度时要扣除室外地坪标高;

沟底宽应按管道外径加管道所需工作面宽度。

管沟工作面可按以下规定计算:

金属管道　DN300 以内,每侧 200mm;

　　　　　DN500 以内,每侧 300 mm;

　　　　　DN2500 以内,每侧 400 mm;

　　　　　DN2500 以上,每侧 500 mm。

塑料管道　DN300 以内,每侧 200mm;

　　　　　DN500 以内,每侧 300 mm;

　　　　　DN1000 以内,每侧 400 mm;

　　　　　DN2500 以内,每侧 500 mm;

　　　　　DN2500 以上,每侧 600 mm。

(4)管沟土方挖、填工程量清单编制示例

【例 3-7】 已知某给排水工程室外埋地排水管道采用 DN160 的 PVC-U 排水管,排水管标高为-1.25m,室外地坪标高为-0.25m,管沟长为 115m,试求该管道的管沟土方工程量。

【解】

由条件知:

管沟深度为 $1.25-0.25=1$ m；

沟底宽度为 $0.16+0.2\times2=0.56$ m；

沟长 $=115$ m；

$V=h\times b\times L=1\times0.56\times115=64.40$ m³

土方开挖工程量为 64.40m³，土方回填工程量为 64.40m³。

则本例工程量清单如表 3-33 所示。

表 3-33　分部分项工程和单价措施项目清单与计价表（管沟土方挖、填）

工程名称：管沟土方挖、填　　　　　　　　　　　　　　　　　　　　第 1 页 共 1 页

序号	项目编码	项目名称及 项目特征描述	计量 单位	工程量	金额（元）		
					综合 单价	合价	其中： 暂估价
		分部分项工程					
		B9 给排水、燃气工程					
1	桂 030413013001	管沟人工土方开挖 土壤类别：一般土 挖土深度：1 m	m³	64.40			
2	桂 030413014001	管沟土方人工回填	m³	64.40			

（5）管道凿（压）槽及恢复工程工程量清单编制

给水管道在室内墙面暗敷设时，需要计算凿槽及所凿沟槽恢复工作；

给水管道在室内地面（卫生间外）暗敷设时，则需要计算暗埋水电管混凝土槽预压工作。

清单编码：030413002 凿（压）槽及恢复；

项目特征：名称、材质、规格；

计量单位：米；

计算规则：按设计图示长度计算；

工作内容：凿（压）槽、恢复处理、现场清理。

（6）管道凿（压）槽及恢复工程工程量清单计算示例

【例 3-8】　如图 3-2 所示，卫生间给水水平支管沿吊顶内明敷设，自水平支管向下引到用水点处的立管暗敷设于墙内，管道暗敷设部分需要进行墙体凿槽及恢复工作。试求该管道的凿槽工程量。

【解】　凿槽工程量计算如下：

$(2.8-1.0)+(2.8-0.25)\times8+(2.8-1.1)\times2+(2.8-0.45)\times2=30.3$ m

所凿沟槽恢复工程量等于凿槽工程量，应含在本项工作中，不需另行列项计算。

在计算凿槽工程量时，应注意确定墙体类型。

则本例工程量清单如表 3-34 所示。

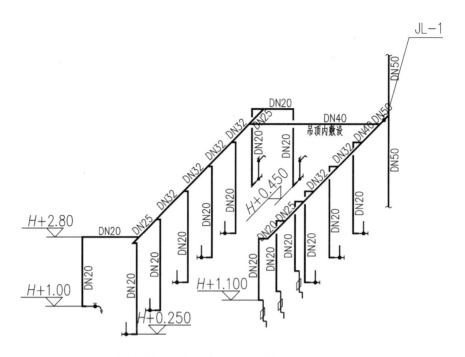

自水平管道引下至用水点处的竖直管道沿墙暗敷设

图 3-2　卫生间轴测图（凿槽及恢复工程量清单编制）

表 3-34　分部分项工程和单价措施项目清单与计价表（凿槽及恢复）

工程名称:给水管道凿槽及恢复工程　　　　　　　　　　　　　　　　　　　　　第 1 页　共 1 页

序号	项目编码	项目名称及项目特征描述	计量单位	工程量	金额（元）		
					综合单价	合价	其中:暂估价
		分部分项工程					
		B9 给排水、燃气工程					
1	030413002001	凿槽及恢复（公称管径 20 mm 以内）	m	30.30			

五、思想政治素养养成

培养学生辩证思维能力。

六、任务分组(表 3-35)

表 3-35　任务分组单(给排水附属工程)

班级		指导老师	
组长姓名		组长学号	
成员 1,学号:　　　　姓名: 任务描述:			
成员 2,学号:　　　　姓名: 任务描述:			
成员 3,学号:　　　　姓名: 任务描述:			
成员 4,学号:　　　　姓名: 任务描述:			

说明:小组成员自愿组合,原则上不超过 4 名同学为一小组。

七、任务成果表(表 3-36)

表 3-36 任务成果表(给排水附属工程)

序号	项目编码	项目名称及项目特征描述	计算单位	工程量

说明:行数不够请自行添加。

八、小组互评表(表 3-37)

表 3-37 小组互评表(给排水附属工程)

班级		学号		姓名		得分	
评价指标		评价内容				分值	评价分数
信息检索能力		能自觉查阅规范,将查到的知识运用到学习中				5分	
课堂学习情况		是否认真听课,进行有效笔记;是否在课堂中积极思考、回答问题,并学有所获				10分	
沟通交流能力		积极主动与小组成员沟通交流,共同讨论,气氛和谐,并在和谐、平等、互相尊重的基础上,与小组成员共同提高与进步				5分	
知识能力		掌握了清单编码的编制与运用规则				20分	
		掌握了工程量计算规则,并准确地完成工程量计算				20分	
		掌握了项目名称及项目特征描述的基本要求				20分	
		掌握了分项的基本方法并能依据所给资料将所需计算的内容正确进行分项计算				20分	
全体组员签名							
						年 月 日	

说明:本表应由组长组织全体组员,客观公正地对全组成员进行合理评价。

九、教师评价表(表 3-38)

表 3-38 教师评价表(给排水附属工程)

班级		姓名		学号		分值	评价分数
作品完成度		1.项目编码是否准确				15分	
		2.是否能正确对计算内容进行分项计算				15分	
		3.是否能准确描述项目名称				15分	
		4.工程量是否准确或在合理的误差范围内				15分	
课堂及平时表现		1.是否按时完成作业				5分	
		2.考勤				10分	
		3.课堂表现是否突出,认真听课,认真思考并积极回答问题、解决问题				5分	
自主学习情况		1.是否主动查阅相关信息资料自主学习				10分	
		2.是否能与组内成员积极探讨,达成共识				10分	
总分							

项目二 水灭火系统工程量清单编制

水灭火系统工程主要包括消火栓系统、自动喷淋系统、泡沫灭火系统、消防水炮系统、自动干粉灭火系统等,常见的为消火栓系统与自动喷淋系统。

任务一 消火栓系统工程量清单编制

一、任务描述

依据所给资料(二维码3-9),完成消火栓系统工程量清单编制。

二维码 3-9 消火栓
系统工程量清单
编制所需资料

二、学习目标

(1)掌握消火栓系统工程量清单编制方法;

(2)掌握消火栓系统项目名称及项目特征描述的基本要求;

(3)熟练掌握消火栓系统工程量计算规则,并能独立完成相应工程量计算。

三、任务分析

(1)重点

消火栓系统工程量清单编制方法。

(2)难点

消火栓系统组成。

四、相关知识链接

(1)消火栓系统介绍

消火栓系统应分为室内消火栓系统与室外消火栓系统。

室内外界线:以距建筑物外墙皮1.5m为界,入口处有阀门者以阀门为界;

设在高层建筑内的消防泵间管道,以泵间外墙皮为界。

室内消火栓系统主要包括给水管网、室内消火栓(箱)、试验消火栓、消火栓水泵接合器以及阀门等。

(2)消火栓系统工程量清单编制

①消火栓给水管

清单编码:030901002 消火栓钢管;

项目特征:材质、规格、连接形式、钢管镀锌设计要求;

计量单位:米;

计算规则:按设计图示管道中心以延长米计算;

工作内容:管道及管件安装、钢管镀锌、压力试验、冲洗、管道标识。

说明：

消火栓给水管道工程量计算方法与给水管道相同，不扣除管道上阀门、管件及各种组件所占长度，以延长米计算；

消火栓管道项目名称及项目特征描述应将管道材质、规格、连接形式等内容表达完整；

消火栓管道安装未包含管道刷油内容，管道刷油应按设计要求，套用【031201001 管道刷油】以管道外表面积计算；

消火栓管道安装所需支、吊架及支、吊架除锈、刷油工程量计算方法与给水管道相同。

②消火栓

清单编码：030901001 室内消火栓；

项目特征：安装方式、型号、规格，附件材质、规格；

计量单位：套；

计算规则：按设计图示数量计算；

工作内容：箱体及消火栓安装、附件安装。

说明：

室外消火栓应套用【030901011 室外消火栓】以"套"为单位计算；

室内消火栓应按成套产品计算，组成内容包括消火栓箱、消火栓、水枪、水龙带接扣、挂架等；落地消火栓箱包括箱内手提灭火器；

注意区分普通室内消火栓与减压稳压消火栓计算；

注意区分单口消火栓与双口消火栓计算；

试验消火栓与室内消火栓组成不同，应单独列项计算，试验消火栓安装已含所需压力表安装，广西执行【桂 030901016 试验消火栓】，以"套"为单位计算。

室内消火栓组合卷盘，执行【030901001 室内消火栓】清单条目计算，内容包括：消火栓箱、消火栓、水枪、水龙带、水龙带接扣、挂架、消防软管卷盘。

③消防水泵接合器

清单编码：030901012 消防水泵接合器；

项目特征：安装方式、型号、规格，附件材质、规格；

计量单位：套；

计算规则：按设计图示数量计算；

工作内容：安装、附件安装。

说明：

消防水泵接合器类型有地上式、地下式、墙壁式等；

地上式消防水泵接合器包括消防接口本体、止回阀、安全阀、闸（碟）阀、弯管底座等，以"套"为单位计算；

地下式消防水泵接合器包括消防接口本体、止回阀、安全阀、闸（蝶）阀、弯管底座等，以"套"为单位计算；

墙壁式消防水泵接合器包括消防接口本体、止回阀、安全阀、闸(蝶)阀、弯管底座、标牌等，以"套"为单位计算。

④阀门等附件

工程量计算方法以及清单编码套用同给排水工程中的管道附件安装。

⑤灭火器

清单编码：030901014 灭火器；

项目特征：形式、规格、型号、安装方式；

计量单位：具(个、车、套)；

计算规则：按设计图示数量计算；

工作内容：安装。

(3)室内消火栓系统工程量清单编制示例

室内消火栓系统的管网、阀门等工程量计算方法与给排水工程相同，此处仅提供常见项目列项示例，如表 3-39 所示。

表 3-39　分部分项工程和单价措施项目清单与计价表(消火栓系统)

工程名称：消火栓系统工程　　　　　　　　　　　　　　　　　　　　第 1 页　共 2 页

序号	项目编码	项目名称及项目特征描述	计量单位	工程量	金额(元)		
					综合单价	合价	其中：暂估价
分部分项工程							
		B9 给排水、燃气工程					
1	030901010001	室内单阀单出口消火栓箱组 SN65 甲型 含：消火栓 SN65，铝合金水枪 QZ19/ϕ19 水龙带 DN65 $L=25$m 含：消防按钮(成品)	套				
2	桂 030901016001	屋顶试验消火栓　单栓 SN65，含：压力表 Y-60 $P=0\sim2.5$ MPa	套				
3	030901012001	消火栓系统水泵接合器 DN150 三阀合一型，SQD100-1.6 含：消防接口本体、止回阀、安全阀、闸(碟)阀、弯管底座	套				
4	031003003001	法兰蝶阀　DN150 $P=1.6$ MPa	个				
5	030901002001	消火栓内外壁热镀锌钢管 DN150　法兰连接	m				
6	030901002002	消火栓内外壁热镀锌钢管 DN65　法兰连接	m				
7	031201001001	管道刷油　红色调和漆两道	m²				

续表 3-39

序号	项目编码	项目名称及项目特征描述	计量单位	工程量	金额(元)		
					综合单价	合价	其中：暂估价
8	031002001001	管道支架制作、安装	kg				
9	桂 031211003001	管道支架除锈　手工除锈　轻锈	m²				
10	031201003001	管道支架刷油　红色调和漆两道	m²				
11	030902007001	磷酸铵盐干粉灭火器 MF/ABC4　放置式					

　　说明：表 3-39 仅列常见消火栓系统项目内容，未包含相应工程量的计算，未包含泵房内的管道、设备、套管、管道支架、管道支架除锈、管道支架刷油以及管道刷油、防腐蚀等内容。

五、思想政治素养养成

　　培养学生安全责任意识。

六、任务分组(表 3-40)

表 3-40　任务分组单(消火栓系统)

班级		指导老师	
组长姓名		组长学号	
成员 1,学号：　　　　　　姓名： 任务描述：			
成员 2,学号：　　　　　　姓名： 任务描述：			
成员 3,学号：　　　　　　姓名： 任务描述：			
成员 4,学号：　　　　　　姓名： 任务描述：			

说明:小组成员自愿组合,原则上不超过 4 名同学为一小组。

七、任务成果表（表 3-41）

表 3-41   任务成果表（消火栓系统）

序号	项目编码	项目名称及项目特征描述	计算单位	工程量

说明：行数不够请自行添加。

八、小组互评表(表 3-42)

表 3-42 小组互评表(消火栓系统)

班级		学号		姓名		得分	
评价指标		评价内容				分值	评价分数
信息检索能力		能自觉查阅规范,将查到的知识运用到学习中				5 分	
课堂学习情况		是否认真听课,进行有效笔记;是否在课堂中积极思考、回答问题,并学有所获				10 分	
沟通交流能力		积极主动与小组成员沟通交流,共同讨论,气氛和谐,并在和谐、平等、互相尊重的基础上,与小组成员共同提高与进步				5 分	
知识能力		掌握了清单编码的编制与运用规则				20 分	
		掌握了工程量计算规则,并准确地完成工程量计算				20 分	
		掌握了项目名称及项目特征描述的基本要求				20 分	
		掌握了分项的基本方法并能依据所给资料将所需计算的内容正确进行分项计算				20 分	
全体组员签名						年 月 日	

说明:本表应由组长组织全体组员,客观公正地对全组成员进行合理评价。

九、教师评价表(表 3-43)

表 3-43 教师评价表(消火栓系统)

班级		姓名		学号		分值	评价分数
作品完成度		1. 项目编码是否准确				15 分	
		2. 是否能正确对计算内容进行分项计算				15 分	
		3. 是否能准确描述项目名称				15 分	
		4. 工程量是否准确或在合理的误差范围内				15 分	
课堂及平时表现		1. 是否按时完成作业				5 分	
		2. 考勤				10 分	
		3. 课堂表现是否突出,认真听课,认真思考并积极回答问题、解决问题				5 分	
自主学习情况		1. 是否主动查阅相关信息资料自主学习				10 分	
		2. 是否能与组内成员积极探讨,达成共识				10 分	
总分							

任务二　自动喷淋系统工程量清单编制

一、任务描述

依据所给资料(二维码 3-10),完成自动喷淋系统工程量清单编制。

二维码 3-10　自动喷淋系统工程量清单编制所需资料

二、学习目标

(1)掌握自动喷淋系统工程量清单编制方法;

(2)掌握自动喷淋系统项目名称及项目特征描述的基本要求;

(3)熟练掌握自动喷淋系统工程量计算规则,并能独立完成相应工程量计算。

三、任务分析

(1)重点

自动喷淋系统工程量清单编制方法。

(2)难点

自动喷淋系统组成。

四、相关知识链接

(1)自动喷淋系统介绍

自动喷淋系统主要由喷头、给水管网、湿式报警阀组、信号阀、水流指示器、末端试水装置(阀)、消防水泵接合器以及阀门等管道附件组成。

(2)自动喷淋系统工程量清单编制

①自动喷淋系统给水管道

清单编码:030901001 水喷淋钢管;

项目特征:材质、规格、连接形式、钢管镀锌设计要求;

计量单位:米;

计算规则:按设计图示管道中心以延长米计算;

工作内容:管道及管件安装、钢管镀锌、压力试验、冲洗、管道标识。

说明:

自动喷淋系统给水管道应与消火栓管道区分计算;

自动喷淋系统给水管道工程量计算方法与给水管道相同,不扣除管道上阀门、管件及各种组件所占长度,以延长米计算;

自动喷淋系统给水管道项目名称及项目特征描述应将管道材质、规格、连接形式等内容表达完整;

自动喷淋系统给水管道安装未包含管道刷油内容,管道刷油应按设计要求,套用【031201001 管道刷油】以管道外表面积计算;

自动喷淋系统给水管道安装所需支、吊架以及支、吊架除锈、刷油工程量计算方法与给水管道相同。

②水喷头

清单编码:030901003 水喷淋(雾)喷头;

项目特征:安装部位、材质、型号、规格、连接形式;

计量单位:个;

计算规则:按设计图示数量计算;

工作内容:安装、调试。

说明:

水喷头按安装部位主要有无吊顶、有吊顶、隐藏式之分。

水喷头有下垂型洒水喷头、直立型洒水喷头、普通型洒水喷头、边墙型洒水喷头四种。下垂型喷头是最常用的,下垂安装于管道上;直立型喷头则直立安装在供水支管上;普通型洒水喷头可直立安装于供水支管上,也可以下垂安装于喷水管网上,将总水量的 40%～60% 向下喷洒,其余部分喷向吊顶。

水喷头常见的连接形式包括螺纹连接、法兰连接等,以螺纹连接最常用,大口径喷头可采用法兰连接。

③报警装置

清单编码:030901004 报警装置;

项目特征:名称、型号、规格;

计量单位:组;

计算规则:按设计图示数量计算;

工作内容:安装、调试。

说明:

【030901004 报警装置】适用于湿式报警装置、干湿两用报警装置、电动雨淋报警装置、预作用报警装置等安装。报警装置安装包括装配管(除水力警铃进水管)的安装,水力警铃进水管并入消防管道工程量。

自动喷淋系统主要采用湿式报警装置,内容包括:湿式阀、供水压图表、装置压力表、试验阀、泄放试验阀、泄放试验管、试验管流量计、过滤器、延时器、水力警铃、报警截止阀、漏斗、压力开关。按整套产品,以"组"为单位计算。

④水流指示器

清单编码:030901006 水流指示器;

项目特征:规格、型号、连接形式;

计量单位:个;

计算规则:按设计图示数量计算;

工作内容:安装、调试。

⑤减压孔板

清单编码:030901007 减压孔板;

项目特征:材质、规格、连接形式;

计量单位:个;

计算规则:按设计图示数量计算;

工作内容:安装、调试。

说明:

减压孔板若在法兰盘内安装,其工作内容包括法兰安装,按不同规格,以"个"为单位计算。

⑥自动喷淋系统消防水泵接合器

其工程量计算方法同消火栓系统消防水泵接合器。

⑦末端试水装置

清单编码:030901008 末端试水装置;

项目特征:规格、组装形式;

计量单位:组;

计算规则:按设计图示数量计算;

工作内容:安装、调试。

说明:

末端试水装置工作内容包括压力表、控制阀等附件安装。末端试水装置安装中不含连接管及排水管安装,连接管与排水管应并入消防管道。

注意区分末端试水装置与试水阀。

根据规范规定:每个报警阀组控制的最不利点洒水喷头处应设末端试水装置,其他防火分区、楼层均应设直径为 25mm 的试水阀。

⑧信号阀

执行阀门清单编码计算工程量。

广西执行【桂 030901015 信号阀】以"个"为单位,按设计图示数量计算,项目特征包括规格、型号、连接形式,工作内容包括安装、调试。

⑨其他阀门及管道附件

其工程量计算方法与给排水管道附件相同。

(3)自动喷淋系统工程量清单编制示例

自动喷淋系统的管网、阀门等工程量计算方法与给排水工程相同,此处仅提供常见项目列项示例,如表3-44所示。

表 3-44　分部分项工程和单价措施项目清单与计价表(自动喷淋系统)

工程名称:自动喷淋系统工程　　　　　　　　　　　　　　　　　　　　　第 1 页 共 2 页

序号	项目编码	项目名称及项目特征描述	计量单位	工程量	金额(元)		
					综合单价	合价	其中:暂估价
		分部分项工程					
		B9 给排水、燃气工程					
1	030901003001	直立型闭式喷头　螺纹连接 ZSTZ-15 DN15　动作温度 68℃	个				
2	030901003002	吊型闭式喷头　螺纹连接 ZSTZ-15 DN15　动作温度 68℃	个				
3	030901004001	喷淋湿式报警阀 ZSFZX150 DN150 含:附件安装	组				

续表 3-44

序号	项目编码	项目名称及项目特征描述	计量单位	工程量	金额（元）		
					综合单价	合价	其中：暂估价
4	桂 030901015001	信号蝶阀 RSHX DN125　法兰连接　压力等级 1.60 MPa	个				
5	桂 030901015002	信号蝶阀 RSHX DN100　法兰连接　压力等级 1.60 MPa	个				
6	030901006001	水流指示器 ZSJZ125 DN125　法兰连接　压力等级 1.60 MPa	个				
7	030901007001	减压孔板 DN125　法兰连接	个				
8	030901008001	末端试水装置 DN25　螺纹连接　压力等级 1.60 MPa　含：压力表安装	组				
9	031003001001	末端试水阀 DN25　螺纹连接　压力等级 1.60 MPa	个				
10	031003001002	消防专用自动排气阀 CARX DN25　螺纹连接	个				
11	031003003001	法兰蝶阀 DN150　压力等级 1.60 MPa	个				
12	031003003002	安全泄压阀　法兰连接 DN50　压力等级 1.60 MPa	个				
13	030901001001	水喷淋镀锌钢管 DN25　螺纹连接	m				
14	030901001002	水喷淋镀锌钢管 DN32　螺纹连接	m				
15	030901001003	水喷淋镀锌钢管 DN40　螺纹连接	m				
16	030901001004	水喷淋镀锌钢管 DN50　法兰连接	m				
17	030901001005	水喷淋镀锌钢管 DN65　法兰连接	m				
18	030901001006	水喷淋镀锌钢管 DN80　法兰连接	m				
19	030901001007	水喷淋镀锌钢管 DN100　法兰连接	m				
20	030901001008	水喷淋镀锌钢管 DN125　法兰连接	m				
21	030901001009	水喷淋镀锌钢管 DN150　法兰连接	m				
22	031001006001	水喷淋泄水管 PVC-U DN110　粘贴连接	m				

　　说明：表 3-44 中仅列常见自动喷淋系统项目内容，未包含相应工程量的计算，未包含泵房内的管道、设备、套管、管道支架、管道支架除锈、管道支架刷油以及管道刷油、防腐蚀等内容。

　　五、思想政治素养养成

　　培养学生不怕困难精神，使命担当意识。

六、任务分组(表 3-45)

表 3-45 任务分组单(自动喷淋系统)

班级		指导老师	
组长姓名		组长学号	
成员 1,学号: 姓名: 任务描述:			
成员 2,学号: 姓名: 任务描述:			
成员 3,学号: 姓名: 任务描述:			
成员 4,学号: 姓名: 任务描述:			

说明:小组成员自愿组合,原则上不超过 4 名同学为一小组。

七、任务成果表(表 3-46)

表 3-46　任务成果表(自动喷淋系统)

序号	项目编码	项目名称及项目特征描述	计算单位	工程量

说明:行数不够请自行添加。

八、小组互评表（表 3-47）

表 3-47 小组互评表（自动喷淋系统）

班级		学号		姓名		得分	
评价指标		评价内容				分值	评价分数
信息检索能力		能自觉查阅规范,将查到的知识运用到学习中				5 分	
课堂学习情况		是否认真听课,进行有效笔记;是否在课堂中积极思考、回答问题,并学有所获				10 分	
沟通交流能力		积极主动与小组成员沟通交流,共同讨论,气氛和谐,并在和谐、平等、互相尊重的基础上,与小组成员共同提高与进步				5 分	
知识能力		掌握了清单编码的编制与运用规则				20 分	
		掌握了工程量计算规则,并准确地完成工程量计算				20 分	
		掌握了项目名称及项目特征描述的基本要求				20 分	
		掌握了分项的基本方法并能依据所给资料将所需计算的内容正确进行分项计算				20 分	
全体组员签名							
					年	月	日

说明:本表应由组长组织全体组员,客观公正地对全组成员进行合理评价。

九、教师评价表（表 3-48）

表 3-48 教师评价表（自动喷淋系统）

班级		姓名		学号		分值	评价分数
作品完成度		1. 项目编码是否准确				15 分	
		2. 是否能正确对计算内容进行分项计算				15 分	
		3. 是否能准确描述项目名称				15 分	
		4. 工程量是否准确或在合理的误差范围内				15 分	
课堂及平时表现		1. 是否按时完成作业				5 分	
		2. 考勤				10 分	
		3. 课堂表现是否突出,认真听课,认真思考并积极回答问题、解决问题				5 分	
自主学习情况		1. 是否主动查阅相关信息资料自主学习				10 分	
		2. 是否能与组内成员积极探讨,达成共识				10 分	
总分							

模块四 通风空调工程工程量清单编制

空调水系统的管道、阀门附件、套管、支吊架等工程量计算方法与给排水工程相同,本模块中不再赘述。

项目一 通风空调设备安装工程量清单编制

任务 通风空调设备安装工程量清单编制

一、任务描述

依据所给设计资料(二维码 4-1),完成通风空调设备安装工程量清单编制。

二维码 4-1 通风空调设备安装工程量清单编制所需资料

二、学习目标

(1)掌握通风空调设备安装工程量清单编制方法;

(2)掌握通风空调设备安装项目名称及项目特征描述的基本要求;

(3)掌握通风空调设备安装工程量计算规则,并能独立完成相应工程量计算。

三、任务分析

(1)重点

通风空调设备安装工程量清单编制方法。

(2)难点

通风空调设备安装项目名称及项目特征描述。

四、相关知识链接

(1)准备知识

通风空调设备安装工程,包括空气加热器、除尘设备、空调器、通风机、风机盘管、表冷器、密闭门、挡水板、滤水器、溢水盘、过滤器、净化工作台、风淋室、洁净室、除湿机等安装项目。

通风空调设备常用图例符号见图 4-1。

(2)常见通风空调设备安装工程量清单编制

①风机、泵、冷水机组、冷却塔的安装根据《通用安装工程工程量计算规范》(GB 50856—2013)"附录 A 机械设备安装工程"编制工程量清单。

序号	名称	图例	序号	名称	图例
1	离心式通风机	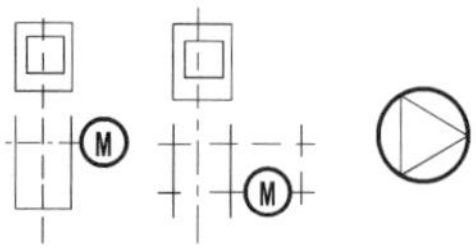	10	窗式空调器	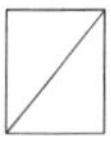
2	轴流式通风机	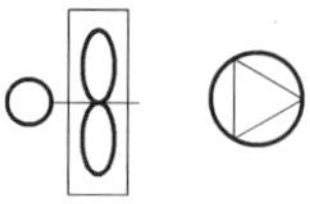	11	风机盘管	
3	离心式水泵	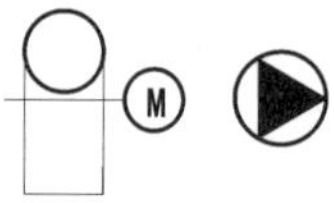	12	消声器	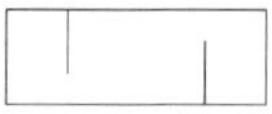
4	制冷压缩机	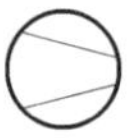	13	减振器	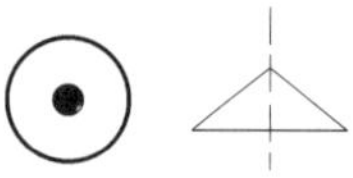
5	水冷机组	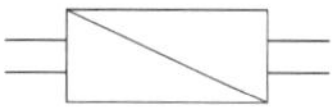	14	消声弯头	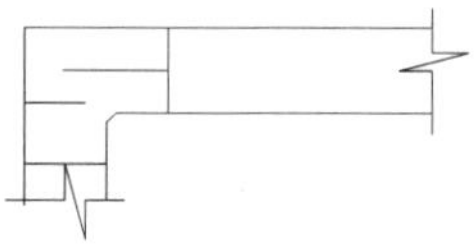
6	空气过滤器	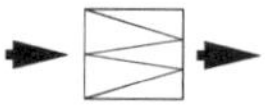	15	喷雾排管	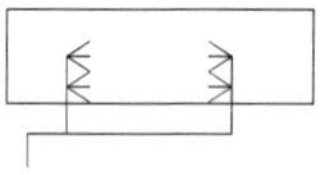
7	空气加热器		16	挡水板	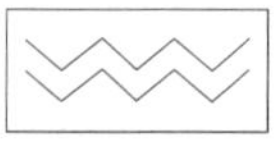
8	空气冷却器		17	水过滤器	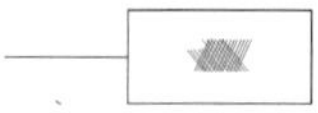
9	空气加湿器		18	通风空调设备	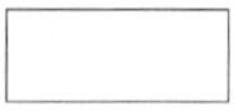

图 4-1　通风空调设备常用图例符号

清单编码:030108001 离心式通风机;

项目特征:名称、型号、规格、质量、材质,减振底座形式、数量,单机试运转要求;

计量单位:台;

计算规则:按设计图示数量计算;

工作内容:本体安装、拆装检查、减振台座制作、单机试运转、补刷(喷)油漆。

清单编码:030108002 离心式引风机;

项目特征:名称、型号、规格、质量、材质,减振底座形式、数量,单机试运转要求;

计量单位:台;

计算规则:按设计图示数量计算;

工作内容:本体安装、拆装检查、减振台座制作、单机试运转、补刷(喷)油漆。

清单编码:030108003 轴流式通风机;

项目特征:名称、型号、规格、质量、材质,减振底座形式、数量,单机试运转要求;

计量单位:台;

计算规则:按设计图示数量计算;

工作内容:本体安装、拆装检查、减振台座制作、单机试运转、补刷(喷)油漆。

清单编码:030108004 回转式鼓风机;

项目特征:名称、型号、规格、质量、材质,减振底座形式、数量,单机试运转要求;

计量单位:台;

计算规则:按设计图示数量计算;

工作内容:本体安装、拆装检查、减振台座制作、单机试运转、补刷(喷)油漆。

清单编码:030108005 离心式鼓风机;

项目特征:名称、型号、规格、质量、材质,减振底座形式、数量,单机试运转要求;

计量单位:台;

计算规则:按设计图示数量计算;

工作内容:本体安装、拆装检查、减振台座制作、单机试运转、补刷(喷)油漆。

清单编码:030108006 其他风机;

项目特征:名称、型号、规格、质量、材质,减振底座形式、数量,单机试运转要求;

计量单位:台;

计算规则:按设计图示数量计算;

工作内容:本体安装、拆装检查、减振台座制作、单机试运转、补刷(喷)油漆。

注:直联式风机的质量包括本体及电动机、底座的总质量。

风机支架应按《通用安装工程工程量计算规范》(GB 50856—2013)"附录 C 静置设备与工艺金属结构制作安装工程"相关项目编码列项。

清单编码:030109001 离心式泵;

项目特征:名称、型号、规格、质量、材质,减振装置形式、数量,单机试运转要求;

计量单位:台;

计算规则:按设计图示数量计算;

工作内容:本体安装、泵拆装检查、电动机安装、单机试运转、补刷(喷)油漆。

清单编码:030109011 潜水泵;

项目特征:名称、型号、规格、质量、材质,减振装置形式、数量,单机试运转要求;

计量单位:台;

计算规则:按设计图示数量计算;

工作内容:本体安装、泵拆装检查、电动机安装、单机试运转、补刷(喷)油漆。

注:直联式泵的质量包括本体、电动机及底座的总质量,非直联式的不包括电动机质量;深井泵的质量包括本体、电动机、底座及设备扬水管的总质量。

清单编码:030113001 冷水机组;

项目特征:名称、型号、质量、制冷(热)形式、制冷(热)量、灌浆配合比、单机试运转要求;

计量单位:台;

计算规则:按设计图示数量计算;

工作内容:本体安装、单机试运转、补刷(喷)油漆。

清单编码:030113017 冷却塔;

项目特征:名称、型号、规格、材质、质量、单机试运转要求;

计量单位:台;

计算规则:按设计图示数量计算;

工作内容:本体安装、补刷(喷)油漆。

②空调设备安装根据《通用安装工程工程量计算规范》(GB 50856—2013)"附录 G 通风空调工程"编制工程量清单。通风空调设备安装的地脚螺栓按设备自带考虑。

清单编码:030701001 空气加热器(冷却器);

项目特征:名称、型号、规格、安装形式;

计量单位:台;

计算规则:按设计图示数量计算;

工作内容:本体安装、调试,设备支架制作、安装,设备支架刷油,补刷(喷)油漆。

清单编码:030701002 除尘设备;

项目特征:名称、型号、规格、安装形式;

计量单位:台;

计算规则:按设计图示数量计算;

工作内容:本体安装、调试,设备支架制作、安装,设备支架刷油,补刷(喷)油漆。

清单编码:030701003 空调器;

项目特征:名称、型号、规格、安装形式;

计量单位:台;

计算规则:按设计图示数量计算;

工作内容:本体安装或组装、调试,隔振垫(器)安装,设备支架制作、安装,设备支架刷油,补刷(喷)油漆。

清单编码:030701004 风机盘管;

项目特征:名称、型号、规格、安装形式、试压要求;

计量单位:台;

计算规则:按设计图示数量计算;

工作内容:本体安装、调试,设备支架制作、安装,设备支架刷油,试压,补刷(喷)油漆。

清单编码:030701005 表冷器;

项目特征:名称、型号、规格;

计量单位:台;

计算规则:按设计图示数量计算;

工作内容:本体安装,型钢制作、安装,过滤器安装,挡水板安装,调试及运转,补刷(喷)油漆。

清单编码:030701010 过滤器

项目特征:名称、型号、规格、类型;

计量单位:台(m²);

计算规则:以台计量,按设计图示数量计算;以面积计量,按设计图示尺寸以过滤面积计算;

工作内容:本体安装,框架制作、安装,框架刷油,补刷(喷)油漆。

清单编码:030701014 除湿机;

项目特征:名称、型号、规格、类型;

计量单位:台;

计算规则:按设计图示数量计算;

工作内容:本体安装。

清单编码:桂 030701016 空气幕安装;

项目特征:名称、型号、规格、安装形式;

计量单位:台;

计算规则:按设计图示数量计算;

工作内容:本体安装、调试,支架制作、安装,支架刷油,补刷(喷)油漆。

(3)通风空调设备安装工程量清单编制注意事项

各种通风空调设备按设计图示数量以"台"为单位计算工程量。

通风空调设备安装工程量清单的项目特征描述要求如下:

①编制工程量清单时,应明确描述相应设备的名称、型号、规格、安装形式等特征。

②通风机安装应描述离心式(如吊式、落地式)、轴流式(如吊式、落地式)、屋顶式、卫生间通风等;规格为风机叶轮直径 4♯、5♯ 等。

③空调器、空调机安装应描述设备的冷量;分段组合式空调器安装应描述设备风量。

④风机盘管的安装形式应描述吊顶式、落地式。

⑤空气加热器(冷却器)、除尘器应描述设备的质量。

⑥制冷机组应描述设备的冷量。

⑦冷却塔应描述设备处理水量（m³/h）。

⑧空气幕应区分吊式或墙上安装并描述其长度。

（4）通风空调设备安装工程量清单编制示例

因工程量计算规则为按设计图示数量计算，此处仅给列项示例，如表4-1所示。

表4-1 分部分项工程和单价措施项目清单与计价表（通风空调设备安装）

工程名称：通风空调设备安装工程 第1页 共1页

序号	项目编码	项目名称及项目特征描述	计量单位	工程量	综合单价	合价	其中：暂估价
					金额（元）		
		分部分项工程					
		B7 通风空调工程					
1	030701001001	空气加热器（冷却器）安装 200 kg	台	1			
2	030108001001	离心式通风机安装 6♯ 4501～7000m³/h	台	1			
3	030108001002	离心式通风机安装 8♯ 7001～19300m³/h	台	1			
4	030108003001	轴流式通风机安装 7♯ 8901～25000m³/h	台	1			
5	030108003002	轴流式通风机安装 10♯ 25001～63000m³/h	台	1			
6	030701002001	除尘设备安装 100 kg	台	1			
7	030701003001	空调器安装 吊顶式 质量0.15t	台				
8	030701003002	组合式空调机组安装 风量（m³/h以内）10000	台	1			
9	030701003003	多联体空调器室外机安装 制冷量（kW以内）20	台	1			
10	030701003004	整体立柜式空调机组安装 制冷量（kW以内）35	台	1			
11	030701010001	高效过滤器安装	台	1			
12	030701010004	风机盘管安装 吊顶式	台	1			

五、思想政治素养养成

培养学生精益求精的工作态度，共建文明、和谐社会。

六、任务分组(表 4-2)

表 4-2 任务分组单(通风空调设备安装)

班级		指导老师	
组长姓名		组长学号	
成员 1,学号: 姓名: 任务描述:			
成员 2,学号: 姓名: 任务描述:			
成员 3,学号: 姓名: 任务描述:			
成员 4,学号: 姓名: 任务描述:			

说明:小组成员自愿组合,原则上不超过 4 名同学为一小组。

七、任务成果表(表 4-3)

表 4-3 任务成果表(通风空调设备安装)

序号	项目编码	项目名称及项目特征描述	计算单位	工程量

说明:行数不够请自行添加。

八、小组互评表(表4-4)

表4-4　小组互评表(通风空调设备安装)

班级		学号		姓名		得分	
评价指标		评价内容				分值	评价分数
信息检索能力		能自觉查阅规范,将查到的知识运用到学习中				5分	
课堂学习情况		是否认真听课,进行有效笔记;是否在课堂中积极思考、回答问题,并学有所获				10分	
沟通交流能力		积极主动与小组成员沟通交流,共同讨论,气氛和谐,并在和谐、平等、互相尊重的基础上,与小组成员共同提高与进步				5分	
知识能力		掌握了清单编码的编制与运用规则				20分	
		掌握了工程量计算规则,并准确地完成工程量计算				20分	
		掌握了项目名称及项目特征描述的基本要求				20分	
		掌握了分项的基本方法并能依据所给资料将所需计算的内容正确进行分项计算				20分	
全体组员签名							
					年　　月　　日		

说明:本表应由组长组织全体组员,客观公正地对全组成员进行合理评价。

九、教师评价表(表4-5)

表4-5　教师评价表(通风空调设备安装)

班级		姓名		学号		分值	评价分数
作品完成度		1.项目编码是否准确				15分	
		2.是否能正确对计算内容进行分项计算				15分	
		3.是否能准确描述项目名称				15分	
		4.工程量是否准确或在合理的误差范围内				15分	
课堂及平时表现		1.是否按时完成作业				5分	
		2.考勤				10分	
		3.课堂表现是否突出,认真听课,认真思考并积极回答问题、解决问题				5分	
自主学习情况		1.是否主动查阅相关信息资料自主学习				10分	
		2.是否能与组内成员积极探讨,达成共识				10分	
总分							

项目二　通风管道制作、安装工程量清单编制

任务　通风管道制作、安装工程量清单编制

一、任务描述

依据所给设计资料(二维码 4-2),完成通风管道制作、安装工程量清单编制。

二维码 **4-2**　通风管道制作、安装工程量清单编制所需资料

二、学习目标

(1)掌握通风管道制作、安装工程量清单编制方法;

(2)掌握通风管道制作、安装项目名称及项目特征描述的基本要求;

(3)掌握通风管道制作、安装工程量计算规则,并能独立完成相应工程量计算。

三、任务分析

1.重点

通风管道制作、安装工程量清单编制方法。

2.难点

①通风管道制作、安装项目名称及项目特征描述;

②通风管道制作、安装工程量计算。

四、相关知识链接

(1)准备知识

通风空调工程中常用的不同材质、不同形状的管道有:矩形镀锌钢板通风管道、圆形镀锌钢板通风管道、不锈钢通风管道、塑料通风管道、玻璃钢通风管道、复合型风管及柔性软风管。

通风管道常用图例符号见图 4-2。

(2)常见通风管道制作、安装工程量清单编制

通风管道制作、安装根据《通用安装工程工程量计算规范》(GB 50856—2013)"附录 G 通风空调工程"编制工程量清单。

清单编码:030702001 碳钢通风管道;

项目特征:名称、材质、形状、规格、板材厚度、接口形式;

计量单位:m²;

计算规则:按设计图示内径尺寸以展开面积计算;

工作内容:风管、管件、法兰、零件、支吊架制作、安装,过跨风管落地支架制作、安装,支架刷油。

清单编码:030702002 净化通风管道;

项目特征:名称、材质、形状、规格、板材厚度、接口形式;

序号	名称	图例	序号	名称	图例
1	送风管、新(进)风管	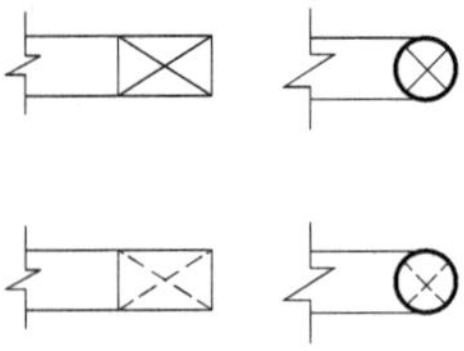	7	风管检查孔	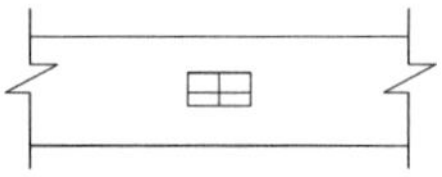
2	回风管、排风管	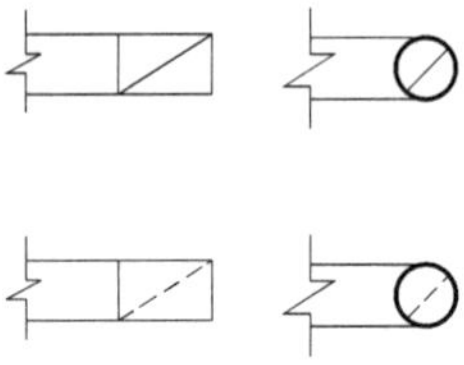	8	风管测定孔	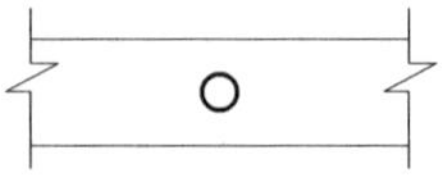
3	混凝土或砖砌风管		9	矩形三通	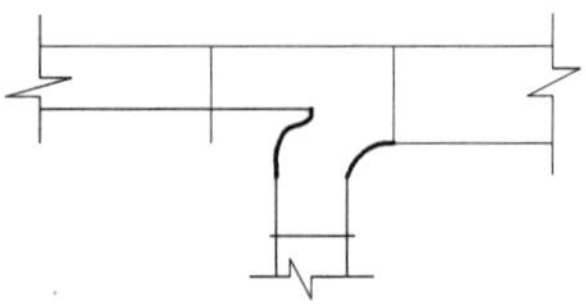
4	异径风管	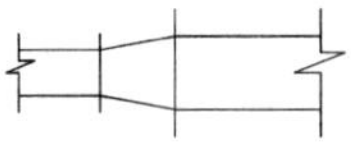	10	圆形三通	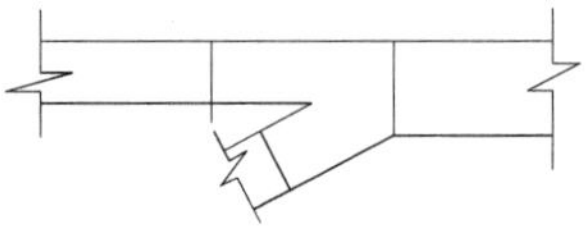
5	天圆地方	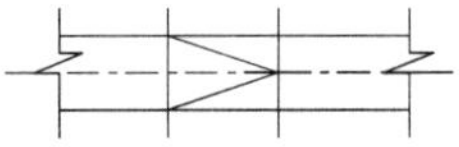	11	弯头	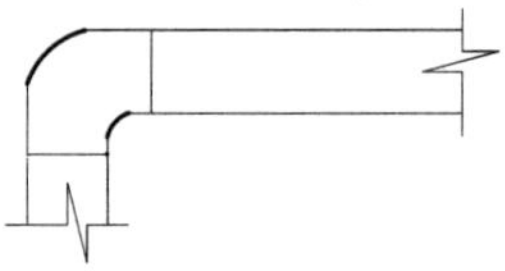
6	柔性风管	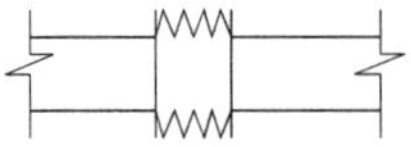	12	带导流片弯头	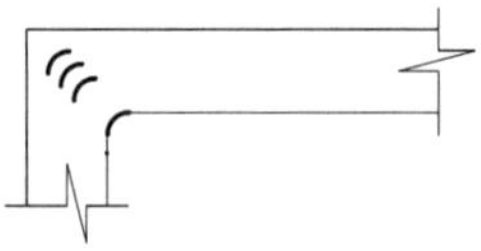

图 4-2 通风管道常用图例符号

计量单位:m²;

计算规则:按设计图示内径尺寸以展开面积计算;

工作内容:风管、管件、法兰、零件、支吊架制作、安装,过跨风管落地支架制作、安装,支架刷油。

清单编码:030702003 不锈钢板通风管道;

项目特征:名称、形状、规格、板材厚度、接口形式;

计量单位:m²;

计算规则:按设计图示内径尺寸以展开面积计算;

工作内容:风管、管件、法兰、零件、支吊架制作、安装,过跨风管落地支架制作、安装,支架刷油。

清单编码:030702004 铝板通风管道;

项目特征:名称、形状、规格、板材厚度、接口形式;

计量单位:m^2;

计算规则:按设计图示内径尺寸以展开面积计算;

工作内容:风管、管件、法兰、零件、支吊架制作、安装,过跨风管落地支架制作、安装,支架刷油。

清单编码:030702005 塑料通风管道;

项目特征:名称、形状、规格、板材厚度、接口形式;

计量单位:m^2;

计算规则:按设计图示内径尺寸以展开面积计算;

工作内容:风管、管件、法兰、零件、支吊架制作、安装,过跨风管落地支架制作、安装,支架刷油。

清单编码:030702006 玻璃钢通风管道;

项目特征:名称、形状、规格、板材厚度、接口形式;

计量单位:m^2;

计算规则:按设计图示内径尺寸以展开面积计算;

工作内容:风管、管件、法兰安装,支吊架制作、安装,过跨风管落地支架制作、安装,支架刷油。

清单编码:030702007 复合型风管;

项目特征:名称、材质、形状、规格、板材厚度、接口形式;

计量单位:m^2;

计算规则:按设计图示内径尺寸以展开面积计算;

工作内容:风管、管件、法兰安装,支吊架制作、安装,过跨风管落地支架制作、安装,支架刷油。

清单编码:030702008 柔性软风管;

项目特征:名称、材质、规格;

计量单位:m;

计算规则:按设计图示中心线以长度计算;

工作内容:风管安装,风管接头安装,支吊架制作、安装,支架刷油。

清单编码:030702009 弯头导流叶片;

项目特征:名称、材质、规格、形式;

计量单位:组;

计算规则:按设计图示数量计算;

工作内容:制作,组装。

清单编码:030702010 风管检查孔;

项目特征:名称、材质、规格;

计量单位:个;

计算规则:按设计图示数量计算;

工作内容:制作,安装。

清单编码:030702011 温度、风量测定孔;

项目特征:名称、材质、规格;

计量单位:个;

计算规则:按设计图示数量计算;

工作内容:制作,安装。

(3)通风管道制作、安装工程量清单编制注意事项

通风管道制作、安装工程量清单的项目特征描述要求如下:

①编制工程量清单时,应明确描述空调管道的名称、材质、形状、规格、板材厚度、接口形式等特征。

②通风管道的材质指镀锌薄钢板、不锈钢板、铝板、玻璃钢、塑料、复合板等通风管道材料。

③通风管道的形状一般指圆形或矩形。

④通风管道的规格:圆形风管描述对应管道直径;矩形风管描述管道截面周长。

⑤通风管道的接口形式指咬口连接、无法兰插口连接、共板法兰连接、焊接等通风管道连接方式。

⑥风管板材厚度按设计说明确定,如无具体说明按规范要求确定。

注意:风管板材厚度或规格不同时,均需另外列项。

通风管道制作、安装工程量计算规则:

通风管道制作、安装以施工图规格不同按设计图示尺寸展开面积以"m²"计算。

注意:柔性软风管安装,工程量按图示管道中心线长度以"m"计算。

圆形风管展开面积计算公式为:

$$S = \pi \times D \times L$$

式中　D——圆形风管直径(m);

　　　L——管道中心线长度(m)。

矩形风管展开面积计算公式为:

$$S = 2 \times (A + B) \times L$$

式中　A——矩形风管截面长边尺寸(m);

　　　B——矩形风管截面短边尺寸(m);

　　　L——管道中心线长度(m)。

注意:

①计算时要将风管尺寸换算成以"m"为单位。

②风管展开面积,不扣除检查孔、测定孔、送风口、吸风口等所占面积。

③风管长度一律以设计图示中心线长度为准(主管与支管以其中心线交点划分),包括弯头、三通、变径管、天圆地方等管件的长度,但不包括部件(阀门等)所占的长度。

④风管展开面积不包括风管、管口重叠部分面积。

⑤风管渐缩管:圆形风管直径按平均直径取,矩形风管截面周长按平均周长取。

⑥穿墙套管按展开面积计算,计入通风管道工程量中。

⑦净化通风管的空气洁净度按100000级标准编制,净化通风管使用的型钢材料如要求镀

锌时,项目特征应注明支架镀锌。

(4)通风管道制作、安装工程量清单编制示例

【例 4-1】　根据所给图纸资料(二维码 4-3),完成图中通风管道制作、安装工程量清单编制,并依据计算结果填写工程量清单表。

二维码 4-3
例 4-1 所需资料

【解】　依据所给资料,经计算得通风管道制作、安装工程量清单如表 4-6 所示。

表 4-6　分部分项工程和单价措施项目清单与计价表(通风管道制作、安装)

工程名称:通风管道制作、安装工程　　　　　　　　　　　　　　　　　　第 1 页 共 1 页

序号	项目编码	项目名称及项目特征描述	计量单位	工程量	综合单价	合价	其中:暂估价
		金额(元)					
		分部分项工程					
		B7 通风空调工程					
1	030702001001	镀锌薄钢板矩形排烟管道制作、安装 焊接连接　周长＞4000mm δ=1.5mm	m²	47.85			
2	030702001002	镀锌薄钢板矩形排烟管道制作、安装 咬口连接　周长≤4000mm δ=1.2mm	m²	27.56			

本例工程量计算表见表 4-7。

表 4-7　工程量计算表(通风管道制作、安装)

工程名称:通风管道制作、安装工程　　　　　　　　　　　　　　　　　　第 1 页 共 1 页

编号	工程量计算式	单位	标准工程量	定额工程量
	单价措施项目			
	分部分项项目			
	B7 通风空调工程			
030702001001	镀锌薄钢板矩形排烟管道制作、安装　焊接连接　周长＞4000 mm δ=1.5 mm	m²	47.85	47.85
	47.85		47.85	47.85
B7-0185	薄钢板矩形风管(δ=2 mm 以内焊接、周长 4000 mm 以上)	10 m²	47.85	4.785

续表 4-7

编号	工程量计算式	单位	标准工程量	定额工程量
	//PF-2—2-1			
2000×500	2×(2+0.5)×(5.05+0.3×2+1.7+0.85+0.45−0.1防火阀)		42.75	4.275
1800×630	2×(1.8+0.63)×(0.4+0.85−0.1 止回阀−0.1 防火阀)		5.10	0.51
030702001002	镀锌薄钢板矩形排烟管道制作、安装　咬口连接　周长≤4000 mm δ=1.2 mm	m²	27.56	27.56
	27.56		27.56	27.56
B7-0169	镀锌薄钢板矩形风管（δ=1.2 mm 以内咬口、周长 4000 mm 以下）	10 m²	27.56	2.756
	//PF-2—2-1			
1250×400	2×(1.25+0.4)×8.35		27.56	2.756

计算说明：

①在计算时，应备注通风管道所在的系统或设备编号，以方便后期工作的开展。

②风管板材厚度或规格（指划分定额步距的规格）不同时，均需另外列项。

③风管变径规格以变径中心为分界点，一半变径按大管径计算，另一半变径按小管径计算，分别归入两侧相应规格风管的长度中；连接风机的天圆地方按其所连接的风管规格进行计算。

④风管长度计算，不扣除弯头、三通、变径管、天圆地方等管件的长度，应扣除阀门等部件所占长度；风管展开面积，不扣除检查孔、测定孔、送风口、吸风口所占面积。如图 4-3 所示。

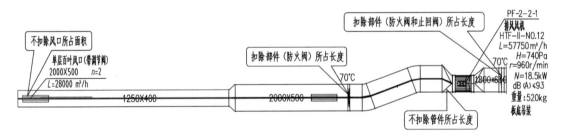

图 4-3　通风管道长度计算图解

五、思想政治素养养成

培养学生团队协作精神，齐心协力、共同进步。

六、任务分组(表 4-8)

表 4-8 任务分组单(通风管道制作、安装)

班级		指导老师	
组长姓名		组长学号	
成员 1,学号: 姓名: 任务描述:			
成员 2,学号: 姓名: 任务描述:			
成员 3,学号: 姓名: 任务描述:			
成员 4,学号: 姓名: 任务描述:			

说明:小组成员自愿组合,原则上不超过 4 名同学为一小组。

七、任务成果表(表 4-9)

表 4-9　任务成果表(通风管道制作、安装)

序号	项目编码	项目名称及项目特征描述	计算单位	工程量

说明:行数不够请自行添加。

八、小组互评表(表 4-10)

表 4-10 小组互评表(配电箱通风管道制作、安装)

班级		学号		姓名		得分	
评价指标		评价内容				分值	评价分值
信息检索能力		能自觉查阅规范,将查到的知识运用到学习中				5分	
课堂学习情况		是否认真听课,进行有效笔记;是否在课堂中积极思考、回答问题,并学有所获				10分	
沟通交流能力		积极主动与小组成员沟通交流,共同讨论,气氛和谐,并在和谐、平等、互相尊重的基础上,与小组成员共同提高与进步				5分	
知识能力		掌握了清单编码的编制与运用规则				20分	
		掌握了工程量计算规则,并准确地完成工程量计算				20分	
		掌握了项目名称及项目特征描述的基本要求				20分	
		掌握了分项的基本方法并能依据所给资料将所需计算的内容正确进行分项计算				20分	
全体组员签名						年 月 日	

说明:本表应由组长组织全体组员,客观公正地对全组成员进行合理评价。

九、教师评价表(表 4-11)

表 4-11 教师评价表(通风管道制作、安装)

班级		姓名		学号		分值	评价分数
作品完成度		1.项目编码是否准确				15分	
		2.是否能正确对计算内容进行分项计算				15分	
		3.是否能准确描述项目名称				15分	
		4.工程量是否准确或在合理的误差范围内				15分	
课堂及平时表现		1.是否按时完成作业				5分	
		2.考勤				10分	
		3.课堂表现是否突出,认真听课,认真思考并积极回答问题、解决问题				5分	
自主学习情况		1.是否主动查阅相关信息资料自主学习				10分	
		2.是否能与组内成员积极探讨,达成共识				10分	
总分							

项目三　通风管道部件制作、安装工程量清单编制

任务　通风管道部件制作、安装工程量清单编制

一、任务描述

依据所给设计资料(二维码 4-4),完成通风管道部件制作、安装工程量清单编制。

二维码 4-4　通风管道部件制作、安装工程量清单编制所需资料

二、学习目标

(1)掌握通风管道部件制作、安装工程量清单编制方法;

(2)掌握通风管道部件制作、安装项目名称及项目特征描述的基本要求;

(3)掌握通风管道部件制作、安装工程量计算规则,并能独立完成相应工程量计算。

三、任务分析

(1)重点

通风管道部件制作、安装工程量清单编制方法。

(2)难点

通风管道部件制作、安装项目名称及项目特征描述。

四、相关知识链接

(1)准备知识

通风管道部件包括阀门(防火阀、止回阀、调节阀等)、风口(百叶风口、散流器、百叶窗等)、柔性接口、消声器、静压箱等。

通风管道部件常用图例符号见图 4-4。

(2)常见通风管道部件制作、安装工程量清单编制

通风管道部件制作、安装根据《通用安装工程工程量计算规范》(GB 50856—2013)"附录 G 通风空调工程"编制工程量清单。

清单编码:030703001 碳钢阀门;

项目特征:名称、型号、规格、类型;

计量单位:个;

计算规则:按设计图示数量计算;

工作内容:阀体安装,支架制作、安装,支架刷油。

清单编码:030703002 柔性软风管阀门;

项目特征:名称、规格、材质、类型;

计量单位:个;

序号	名称	图例	序号	名称	图例
1	插板阀	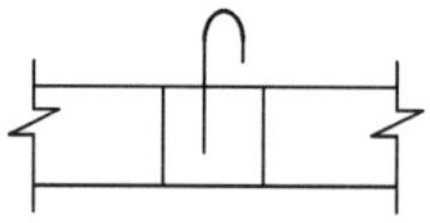	9	送风口	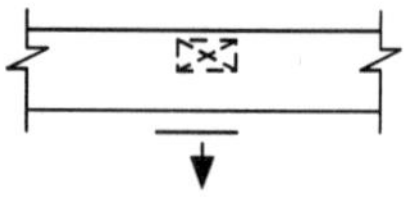
2	蝶阀	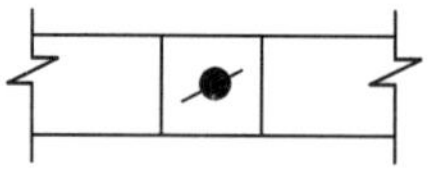	10	回风口	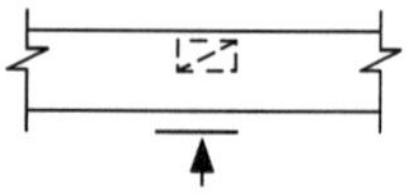
3	手动对开多叶调节阀	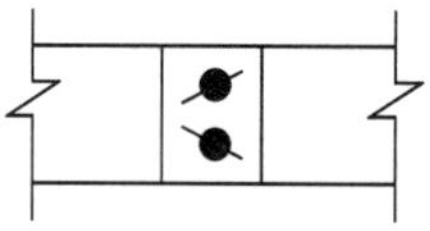	11	方形散流器	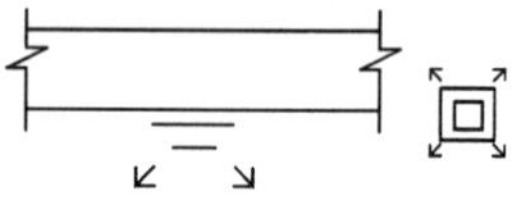
4	电动对开多叶调节阀	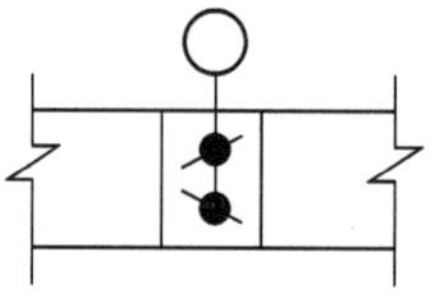	12	圆形散流器	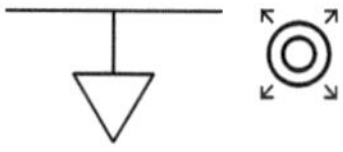
5	三叶调节阀	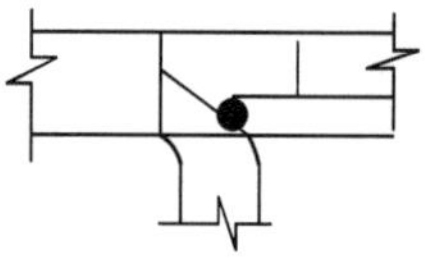	13	伞形风帽	
6	防火（调节阀）	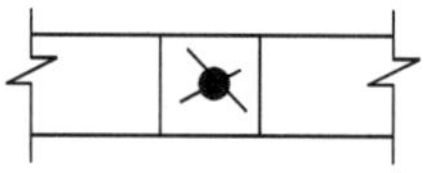	14	锥形风帽	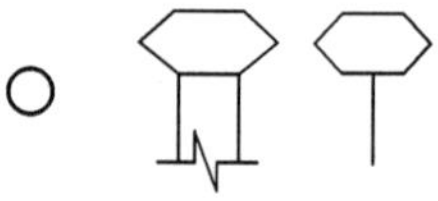
7	余压阀	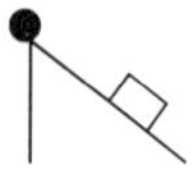	15	筒形风帽	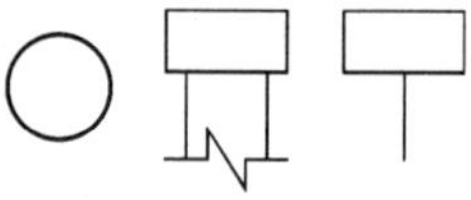
8	止回阀	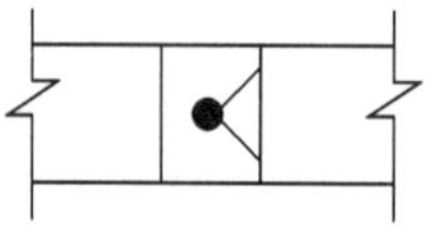	16	消声器	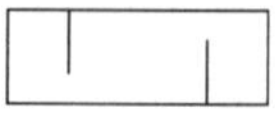
			17	消声弯头	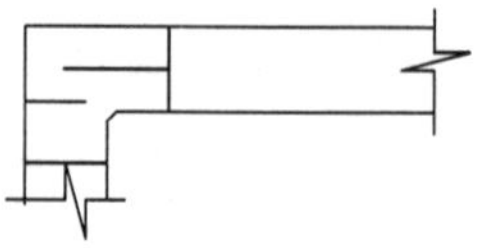

图 4-4　通风管道部件常用图例符号

计算规则:按设计图示数量计算;

工作内容:阀体安装。

清单编码:030703003 铝蝶阀;

项目特征:名称、规格、类型;

计量单位:个;

计算规则:按设计图示数量计算;

工作内容:阀体安装。

清单编码:030703004 不锈钢蝶阀;

项目特征:名称、规格、类型;

计量单位:个;

计算规则:按设计图示数量计算;

工作内容:阀体安装。

清单编码:030703005 塑料阀门;

项目特征:名称、型号、规格、类型;

计量单位:个;

计算规则:按设计图示数量计算;

工作内容:阀体安装。

清单编码:030703006 玻璃钢蝶阀;

项目特征:名称、型号、规格、类型;

计量单位:个;

计算规则:按设计图示数量计算;

工作内容:阀体安装。

清单编码:030703007 碳钢风口、散流器、百叶窗;

项目特征:名称、型号、规格;

计量单位:个;

计算规则:按设计图示数量计算;

工作内容:风口安装、散流器安装、百叶窗安装。

清单编码:030703008 不锈钢风口、散流器、百叶窗;

项目特征:名称、型号、规格;

计量单位:个;

计算规则:按设计图示数量计算;

工作内容:风口安装、散流器安装、百叶窗安装。

清单编码:030703009 塑料风口、散流器、百叶窗;

项目特征:名称、型号、规格;

计量单位:个;

计算规则:按设计图示数量计算;

工作内容:风口安装、散流器安装、百叶窗安装。

清单编码:030703010 玻璃钢风口;

项目特征:名称、型号、规格;

计量单位:个;

计算规则:按设计图示数量计算;

工作内容:风口安装。

清单编码:030703011 铝及铝合金风口、散流器、百叶窗;

项目特征:名称、型号、规格;

计量单位:个;

计算规则:按设计图示数量计算;

工作内容:风口安装、散流器安装、百叶窗安装。

清单编码:030703012 碳钢风帽;

项目特征:名称、规格、类型;

计量单位:kg;

计算规则:按设计图示质量计算;

工作内容:风帽制作、安装,筒形风帽滴水盘制作、安装,风帽筝绳制作、安装,风帽泛水制作、安装。

清单编码:030703013 不锈钢风帽;

项目特征:名称、规格、类型;

计量单位:kg;

计算规则:按设计图示质量计算;

工作内容:风帽制作、安装,筒形风帽滴水盘制作、安装,风帽筝绳制作、安装,风帽泛水制作、安装。

清单编码:030703014 塑料风帽;

项目特征:名称、规格、类型;

计量单位:kg;

计算规则:按设计图示质量计算;

工作内容:风帽制作、安装,筒形风帽滴水盘制作、安装,风帽筝绳制作、安装,风帽泛水制作、安装。

清单编码:030703015 铝板伞形风帽;

项目特征:名称、规格、类型;

计量单位:kg;

计算规则:按设计图示质量计算;

工作内容:板伞形风帽制作、安装,风帽筝绳制作、安装,风帽泛水制作、安装。

清单编码:030703016 玻璃钢风帽;

项目特征:名称、规格、类型;

计量单位:kg;

计算规则:按设计图示质量计算;

工作内容:玻璃钢风帽安装,筒形风帽滴水盘安装,风帽筝绳安装,风帽泛水安装。

清单编码:030703017 碳钢罩类;

项目特征:名称、型号、规格、类型;

计量单位:kg;

计算规则:按设计图示质量计算;

工作内容:罩类制作、罩类安装。

清单编码:030703018 塑料罩类;

项目特征:名称、型号、规格、类型;

计量单位:kg;

计算规则:按设计图示质量计算;

工作内容:罩类制作、罩类安装。

清单编码:030703019 柔性接口;

项目特征:名称、规格、材质;

计量单位:m²;

计算规则:按设计图示尺寸以展开面积计算;

工作内容:柔性接口制作、柔性接口安装。

清单编码:030703020 消声器;

项目特征:名称、规格、材质;

计量单位:个;

计算规则:按设计图示数量计算;

工作内容:消声器安装、支架制作安装、支架刷油。

清单编码:030703021 静压箱;

项目特征:名称、规格、形式;

计量单位:个;

计算规则:按设计图示数量计算;

工作内容:静压箱安装、支架制作安装、支架刷油。

清单编码:030703022 人防超压自动排气阀;

项目特征:名称、型号、规格、类型;

计量单位:个;

计算规则:按设计图示数量计算;

工作内容:安装。

清单编码:030703023 人防密闭阀;

项目特征:名称、型号、规格;

计量单位:个;

计算规则:按设计图示数量计算;

工作内容:密闭阀安装、支架制作安装、支架刷油。

清单编码:030703024 人防其他部件;

项目特征:名称、型号、规格、类型;

计量单位:个(套);

计算规则:按设计图示数量计算;

工作内容:安装。

清单编码:桂 030703025 正压送风口;

项目特征:名称、型号、规格、安装形式;

计量单位:个;

计算规则:按设计图示数量计算;

工作内容:阀体安装,风口安装,支架制作、安装,支架刷油。

(3)通风管道部件制作、安装工程量清单编制注意事项

通风管道部件制作、安装工程量清单的项目特征描述要求:

①编制工程量清单时,应明确描述通风管道部件的名称、型号、规格、类型等特征。

②碳钢阀门包括空气加热器上通阀、空气加热器旁通阀、圆形瓣式启动阀、风管蝶阀、风管止回阀、密闭式斜插板阀、矩形风管三通调节阀、对开多叶调节阀、风管防火阀、各型风罩调节阀、人防工程密闭阀、自动排气活门等。

③塑料阀门包括塑料蝶阀、塑料插板阀、各型风罩塑料调节阀。

④风口、散流器、百叶窗包括百叶风口、矩形送风口、矩形空气分布器、风管插板风口、旋转吹风口、圆形散流器、方形散流器、流线型散流器、送吸风口、活动箅式风口、网式风口、钢百叶窗等。

⑤碳钢罩类包括皮带防护罩、电动机防雨罩、侧吸罩、中小型零件焊接台排气罩、整体分组式槽边侧吸罩、吹吸式槽边通风罩、条缝槽边抽风罩、泥心烘炉排气罩、升降式回转排气罩、上下吸式圆形回转罩、升降式排气罩、手锻炉排气罩。

⑥塑料罩类包括塑料槽边侧吸罩、塑料槽边风罩、塑料条缝槽边抽风罩。

⑦柔性接口包括金属、非金属软接口及伸缩节。

⑧消声器包括片式消声器、矿棉管式消声器、聚酯泡沫管式消声器、卡普隆纤维管式消声器、弧形声流式消声器、阻抗复合式消声器、微穿孔板消声器、消声弯头。

⑨正压送风口包括排烟口、防火风口。

⑩通风部件图纸要求制作、安装或要求用成品部件只安装不制作,这类特征在项目特征中应明确描述。

通风管道部件制作、安装工程量计算规则:

①通风管道上的阀门、风口、散流器、百叶窗区分不同材质和规格尺寸以"个"为计量单位。

②风管软接头(帆布接口)制作、安装,按设计图示尺寸以展开面积计算,以"m²"为计量单位。

③风帽、罩类制作、安装,按设计图示规格、长度,以"kg"为计量单位。

④消声器、消声弯头,按图区分法兰周长,以"个"为计量单位。

⑤静压箱,按图区分不同体积,以"个"为计量单位。

(4)通风管道部件制作、安装工程量清单编制示例

【例 4-2】 根据所给图纸资料(二维码 4-5),完成图中通风管道部件制作、安装工程量清单编制,并依据计算结果填写工程量清单表。

【解】 依据所给资料,经计算得通风管道部件制作、安装工程量清单如表 4-12 所示。

二维码 4-5
例 4-2 所需资料

表 4-12　分部分项工程和单价措施项目清单与计价表（通风管道部件制作、安装）

工程名称：通风管道部件制作、安装工程　　　　　　　　　　　　　　第 1 页 共 1 页

序号	项目编码	项目名称及项目特征描述	计量单位	工程量	金额（元）		
					综合单价	合价	其中：暂估价
		分部分项工程					
		B7 通风空调工程					
1	030703001001	风管 280℃ 防火阀安装 2000×500	个	1			
2	030703001002	风管 280℃ 防火阀安装 1800×630	个	1			
3	030703001003	风管止回阀安装 1800×630	个	1			
4	030703011001	铝及铝合金单层百叶风口（带调节阀）安装 2000×500	个	2			
5	030703019001	帆布柔性接口制作及安装	m²	0.38			

本例工程量计算表见表 4-13。

表 4-13 工程量计算表（通风管道部件制作、安装）

工程名称：通风管道部件制作、安装工程 　　　　　　　　　　　　　　　　第 1 页 共 1 页

编号	工程量计算式	单位	标准工程量	定额工程量
	单价措施项目			
	分部分项项目			
	B7 通风空调工程			
030703001001	风管 280℃防火阀安装 2000×500	个	1	1
	1		1	1
B7-0321	风管防火阀安装 5400 mm 周长以内	个	1	1
	1		1	1
030703001002	风管 280℃防火阀安装 1800×630	个	1	1
	1		1	1
B7-0321	风管防火阀安装 5400 mm 周长以内	个	1	1
	1		1	1
030703001003	风管止回阀安装 1800×630	个	1	1
	1		1	1
B7-0315	圆、方形止回阀安装 5400 mm 周长以内	个	1	1
	1		1	1
030703011001	铝及铝合金单层百叶风口（带调节阀）安装 2000×500	个	2	2
	2		2	2
B7-0350	百叶风口（带阀）安装 3300 mm 周长以上	个	2	2
	2		2	2
030703019001	帆布柔性接口制作及安装	m²	0.38	0.38
	0.38		0.38	0.38
B7-0434	柔性接头 帆布（皮革）	m²	0.38	0.38
	//S=π×D×L			
	3.14×0.6×0.1×2		0.38	0.38

五、思想政治素养养成

培养学生观察、分析、解决问题能力。

六、任务分组(表 4-14)

表 4-14　任务分组单(通风管道部件制作、安装)

班级		指导老师	
组长姓名		组长学号	
成员 1,学号:　　　　　　姓名: 任务描述:			
成员 2,学号:　　　　　　姓名: 任务描述:			
成员 3,学号:　　　　　　姓名: 任务描述:			
成员 4,学号:　　　　　　姓名: 任务描述:			

说明:小组成员自愿组合,原则上不超过 4 名同学为一小组。

七、任务成果表(表 4-15)

表 4-15　任务成果表(通风管道部件制作、安装)

序号	项目编码	项目名称及项目特征描述	计算单位	工程量

说明:行数不够请自行添加。

八、小组互评表(表 4-16)

表 4-16 小组互评表(通风管道部件制作、安装)

班级		学号		姓名		得分	
评价指标		评价内容				分值	评价分值
信息检索能力		能自觉查阅规范,将查到的知识运用到学习中				5 分	
课堂学习情况		是否认真听课,进行有效笔记;是否在课堂中积极思考、回答问题,并学有所获				10 分	
沟通交流能力		积极主动与小组成员沟通交流,共同讨论,气氛和谐,并在和谐、平等、互相尊重的基础上,与小组成员共同提高与进步				5 分	
知识能力		掌握了清单编码的编制与运用规则				20 分	
		掌握了工程量计算规则,并准确地完成工程量计算				20 分	
		掌握了项目名称及项目特征描述的基本要求				20 分	
		掌握了分项的基本方法并能依据所给资料将所需计算的内容正确进行分项计算				20 分	
全体组员签名						年 月 日	

说明:本表应由组长组织全体组员,客观公正地对全组成员进行合理评价。

九、教师评价表(表 4-17)

表 4-17 教师评价表(通风管道部件制作、安装)

班级		姓名		学号		分值	评价分数
作品完成度		1.项目编码是否准确				15 分	
		2.是否能正确对计算内容进行分项计算				15 分	
		3.是否能准确描述项目名称				15 分	
		4.工程量是否准确或在合理的误差范围内				15 分	
课堂及平时表现		1.是否按时完成作业				5 分	
		2.考勤				10 分	
		3.课堂表现是否突出,认真听课,认真思考并积极回答问题、解决问题				5 分	
自主学习情况		1.是否主动查阅相关信息资料自主学习				10 分	
		2.是否能与组内成员积极探讨,达成共识				10 分	
总分							

项目四　通风空调工程检查及调试项目工程量清单编制

任务　通风空调工程检查及调试项目工程量清单编制

一、任务描述

依据所给设计资料(二维码 4-6),完成通风空调工程检查及调试项目工程量清单编制。

二维码 4-6　通风空调工程检查及调试项目工程量清单编制所需资料

二、学习目标

(1)掌握通风空调工程检查及调试项目工程量清单编制方法;

(2)掌握通风空调工程检查及调试项目项目名称及项目特征描述的基本要求;

(3)掌握通风空调工程检查及调试项目工程量计算规则,并能独立完成相应工程量计算。

三、任务分析

(1)重点

通风空调工程检查及调试项目工程量清单编制方法。

(2)难点

依据相应的计算规则,正确计算通风、防排烟工程检测、调试,风管漏光试验、漏风试验以及空调工程系统调试的工程量。

四、相关知识链接

(1)准备知识

安装单位应在安装工程完工后做系统检测及调试,内容应包括管道漏光、漏风试验,风量及风压测定,空调工程温度、湿度测定,各项调节阀、风口、排气罩的风量风压调整等全部调试过程。

(2)通风空调工程检查及调试项目工程量清单编制

清单编码:030704001 通风、防排烟工程检测、调试;

项目特征:通风、防排烟系统风机总功率;

计量单位:kW;

计算规则:按设计的通风、防排烟系统通风机总功率计算;

工作内容:检查及调整设备运行,通风管道风量测定,风压测定,噪声检查,各系统风口、阀门调整。

清单编码:030704002 风管漏光试验、漏风试验;

项目特征:漏光试验、漏风试验的设计要求;

计量单位:m^2;

计算规则:按设计图纸或规范要求以展开面积计算;

工作内容:风管漏光试验、漏风试验。

广西增加空调工程系统调试项目:

清单编码:桂 030704003 空调工程系统调试;

项目特征:制冷主机名称、规格、型号,制冷主机制冷量;

计量单位:kW;

计算规则:按设计的空调系统制冷主机制冷量计算;

工作内容:检查及调整设备运行,风量测定及调整,风压测定,温度测定,湿度测定,噪声检查,各系统风口、阀门调整,媒介管道系统的设备检查、运行,媒介管道系统的部件检查、调整,流量平衡调整。

注:空调工程系统调试包含空调风系统、空调水系统及其他媒介管道系统调试。

(3)通风空调工程检查及调试项目工程量清单编制示例

【例 4-3】 某服务中心及办公楼项目采用风冷机组中央空调系统,根据负荷分析,采用 2 台制冷量为 779kW 的风冷式冷水机组及 2 台制冷量为 683kW、制热量为 624kW 的风冷式热泵机组,设计冷冻水供回水温度为 7℃/12℃,暖水供回水温度为 45℃/40℃,冷水机组设在服务中心屋顶。试完成该项目通风空调工程系统调试项目工程量清单编制,并依据计算结果填写工程量清单表。

【解】 依据所给资料,经计算得空调工程系统调试项目工程量清单如表 4-18 所示。

表 4-18　分部分项工程和单价措施项目清单与计价表(空调工程系统调试)

工程名称:空调工程系统调试项目　　　　　　　　　　　　　　　　　　　　　第 1 页 共 1 页

序号	项目编码	项目名称及项目特征描述	计量单位	工程量	金额(元)		
					综合单价	合价	其中:暂估价
	分部分项工程						
		B7 通风空调工程					
1	桂 030704003001	空调工程系统调试	kW	2924			

本例工程量计算表见表 4-19。

表 4-19　工程量计算表(空调工程系统调试)

工程名称:空调工程系统调试项目　　　　　　　　　　　　　　　　　　　　　第 1 页 共 1 页

编号	工程量计算式	单位	标准工程量	定额工程量
	单价措施项目			
	分部分项项目			
	B7 通风空调工程			
桂 030704003001	空调工程系统调试	kW	2924	2924
	2924		2924	2924
B7-0500	通风空调系统调试　空调系统	kW	2924	2924
	2×779+2×683		2924	2924

　　五、思想政治素养养成

培养学生逻辑思维能力,提高学生专业素养。

六、任务分组(表 4-20)

表 4-20　任务分组单(空调工程系统调试)

班级		指导老师	
组长姓名		组长学号	
成员 1,学号:　　　　　　姓名: 任务描述:			
成员 2,学号:　　　　　　姓名: 任务描述:			
成员 3,学号:　　　　　　姓名: 任务描述:			
成员 4,学号:　　　　　　姓名: 任务描述:			

说明:小组成员自愿组合,原则上不超过 4 名同学为一小组。

七、任务成果表(表 4-21)

表 4-21　任务成果表(空调工程系统调试)

序号	项目编码	项目名称及项目特征描述	计算单位	工程量

说明:行数不够请自行添加。

八、小组互评表(表 4-22)

表 4-22　小组互评表(空调工程系统调试)

班级		学号		姓名		得分	
评价指标		评价内容				分值	评价分值
信息检索能力		能自觉查阅规范,将查到的知识运用到学习中				5 分	
课堂学习情况		是否认真听课,进行有效笔记;是否在课堂中积极思考、回答问题,并学有所获				10 分	
沟通交流能力		积极主动与小组成员沟通交流,共同讨论,气氛和谐,并在和谐、平等、互相尊重的基础上,与小组成员共同提高与进步				5 分	
知识能力		掌握了清单编码的编制与运用规则				20 分	
		掌握了工程量计算规则,并准确地完成工程量计算				20 分	
		掌握了项目名称及项目特征描述的基本要求				20 分	
		掌握了分项的基本方法并能依据所给资料将所需计算的内容正确进行分项计算				20 分	
全体组员签名							
					年　　　月　　　日		

说明:本表应由组长组织全体组员,客观公正地对全组成员进行合理评价。

九、教师评价表(表 4-23)

表 4-23　教师评价表(空调工程系统调试)

班级		姓名		学号		分值	评价分数
作品完成度		1.项目编码是否准确				15 分	
		2.是否能正确对计算内容进行分项计算				15 分	
		3.是否能准确描述项目名称				15 分	
		4.工程量是否准确或在合理的误差范围内				15 分	
课堂及平时表现		1.是否按时完成作业				5 分	
		2.考勤				10 分	
		3.课堂表现是否突出,认真听课,认真思考并积极回答问题、解决问题				5 分	
自主学习情况		1.是否主动查阅相关信息资料自主学习				10 分	
		2.是否能与组内成员积极探讨,达成共识				10 分	
总分							

模块五　刷油、防腐蚀、绝热工程工程量清单编制

项目　刷油、防腐蚀、绝热工程工程量清单编制

任务　刷油、防腐蚀、绝热工程工程量清单编制

一、任务描述

根据所给资料，完成、刷油、防腐蚀、绝热工程工程量清单编制。

(1)资料一

某自动喷淋系统的镀锌管道刷油要求：红色调和漆两遍，完成管道刷油工程量清单编制。各规格管道工程量见表 5-1。

表 5-1　镀锌管道工程量

管道规格	工程量(m)
DN25	2685.63
DN32	1755.50
DN40	1267.80
DN50	1605.75
DN65	800.65
DN80	4202.72
DN100	3688.57
DN150	6817.65

(2)资料二

某消火栓工程，埋地镀锌钢管(DN150)采用沥青涂料，普通级(三油二布)进行外防腐，厚度不小于 4 mm，埋地镀锌钢管工程量为 365.80m，完成管道防腐蚀工程量清单编制。

(3)资料三

某热水管道工程，干管绝热采用橡塑材料，厚度为 25 mm，已知需保温的 PSP 钢塑复合热水管(DN50)工程量为 6879.73m，保温的 PSP 钢塑复合热水管(DN65)工程量为 3822.65m，完成管道绝热工程量清单编制。

(4)资料四

某中央空调工程，通风管道绝热要求：绝热材料品种为硅酸铝板材、密度 64 kg/m³，外包

铝箔保护层,绝热厚度为 40 mm,完成通风管道绝热工程量清单编制。有绝热要求的各规格风管工程量见表 5-2。

表 5-2 有绝热要求的各规格风管工程量

管道规格	工程量(m)
400×200	800.50
500×250	628.96
630×250	480.75
800×320	667.88

二、学习目标

(1)掌握刷油、防腐蚀、绝热工程工程量清单编制方法;
(2)掌握刷油、防腐蚀、绝热工程项目名称及项目特征描述的基本要求;
(3)熟练掌握刷油、防腐蚀、绝热工程工程量计算规则,并能独立完成相应工程量计算。

三、任务分析

(1)重点
刷油、防腐蚀、绝热工程工程量清单编制方法。
(2)难点
刷油、防腐蚀、绝热工程工程量计算。

四、相关知识链接

(1)安装工程中常见的刷油、防腐蚀、绝热工作
①电气设备安装工程中的刷油工程,主要发生在桥架、线槽安装所需要的支吊架制作、安装上。桥架、线槽的支吊架制作、安装,套用【030413001 铁构件】计算工程量,清单条目中已包含刷油工程,刷油工程不需要另行计算。
②给排水工程中常见刷油、防腐蚀、绝热工作主要有:
给排水管道刷油、给排水管道支架刷油;
埋地敷设的金属管道的防腐蚀处理;
有保温需求的管道,如热水管绝热工作。
③通风空调工程中常见刷油、防腐蚀、绝热工作主要有:
风管及支架刷油;
有保温需要的风管绝热工作、空调水系统的绝热工作。
④消防工程中常见刷油、防腐蚀、绝热工作主要有:
管道刷油、管道支架刷油;
埋地敷设的金属管道的防腐蚀处理。
刷油、防腐蚀、绝热工程工程量应在各自主体工作所在分部工程中计算,如给排水管道的刷油工程工程量,应在给排水分部工程中计算。

（2）刷油、防腐蚀、绝热工程工程量清单编制

①管道刷油

清单编码：031201001 管道刷油；

项目特征：油漆品种、涂刷遍数、漆膜厚度；

计量单位：m²；

计算规则：按设计图示表面积尺寸以面积计算；

工作内容：调配、涂刷。

说明：

管道刷油工程量按管道表面积计算，管道表面积 $S=\pi \times D \times L$，其中，π 为圆周率，D 为管道外径，L 为管道长度。

②管道支架刷油

清单编码：031201003 金属结构刷油；

项目特征：油漆品种、结构类型、涂刷遍数、漆膜厚度；

计量单位：m² 或 kg；

计算规则：以"m²"计量，按设计图示表面积尺寸以面积计算，以"kg"计量，按金属结构的理论质量计算；

工作内容：调配、涂刷。

说明：

管道支架刷油工程应以"kg"为单位计量，工程量等于需要刷油的支架总质量。

③埋地管道防腐蚀

清单编码：031202008 埋地管道防腐蚀；

项目特征：刷缠品种、分层结构、刷缠遍数；

计量单位：m²；

计算规则：按设计图示表面积尺寸以面积计算；

工作内容：刷油、防腐蚀、缠保护层。

说明：

埋地管道防腐蚀工程量按管道表面积计算，管道表面积 $S=\pi \times D \times L$，其中，π 为圆周率，D 为管道外径，L 为管道长度。

分层内容：指应注明每一层的内容，如底漆、中间漆、面漆及玻璃丝布等；

塑料管道埋地敷设不需要进行防腐蚀处理。

④管道绝热

清单编码：031208002 管道绝热；

项目特征：绝热材料品种、绝热厚度、管道外径、软木品种；

计量单位：m³；

计算规则：按图示表面积加绝热层厚度及调整系数计算；

工作内容：安装、软木制品安装。

说明：

管道绝热工程量按所需绝热层体积及调整系统计算，管道绝热工程量 $V=\pi \times (D+1.033\delta) \times 1.033\delta \times L$，其中，$\pi$ 为圆周率，D 为管道外径，1.033 为调整系数，δ 为绝热层厚度，L

为管道长度。

⑤通风管道绝热

清单编码:031208003 通风管道绝热;

项目特征:绝热材料品种、绝热厚度、软木品种;

计量单位:m³

计算规则:按图示表面积加绝热层厚度及调整系统计算;

工作内容:安装、软木制品安装。

说明:

矩形风管绝热工程量 $V=2\times(A+B+2\delta)\times\delta\times L$,其中,$A$ 为风管截面长度,B 为风管截面宽度,L 为风管长度,δ 为绝热层厚度;

圆形风管绝热工程量 $V=\pi\times(D+1.033\delta)\times1.033\delta\times L$,其中,$\pi$ 为圆周率、D 为管道直径、1.033 为调整系数、δ 为绝热层厚度、L 为管道长度。

(3)刷油、防腐蚀、绝热工程工程量清单编制示例

①管道刷油工程量清单编制示例

【例 5-1】 某消火栓管道(镀锌钢管)要求刷红色调和漆两道,其中 DN65 管道工程量为 865m,DN150 管道工程量为 1050m,求管道刷油工程量,并列出工程量清单表。

【解】 管道刷油工程量按管道表面积计算,管道表面积 $S=\pi\times D\times L$。

查镀锌钢管外径表得,DN65 管道外径按 75.5 mm 计,DN150 管道外径按 165 mm 计算,则:

DN65 管道刷油工程量 $S_1=3.14\times0.0755\times865=205.07\text{m}^2$;

DN150 管道刷油工程量 $S_2=3.14\times0.165\times1050=544.01\text{m}^2$;

刷油工程量合计 $S=S_1+S_2=205.07+544.01=749.08\text{m}^2$。

根据以上计算,本例工程量清单见表 5-3。

表 5-3 分部分项工程和单价措施项目清单与计价表(管道刷油)

工程名称: 第 1 页 共 1 页

序号	项目编码	项目名称及项目特征描述	计量单位	工程量	金额(元)		
					综合单价	合价	其中:暂估价
		分部分项工程					
		B9 给排水、燃气工程					
1	031201001001	管道刷油 两道红色调和漆	m²	749.08			

②管道支架刷油工程量清单编制

【例 5-2】 某消火栓工程,管道支架工程量为 2069.86 kg,支架刷油要求:管道支架除锈后防腐,采用环氧煤沥青涂料,普通级(三油),厚度不小于 0.3 mm。完成管道支架刷油工程量清单编制。

【解】　根据所给信息,本例工程量清单见表 5-4。

表 5-4　分部分项工程和单价措施项目清单与计价表(管道支架刷油)

工程名称:　　　　　　　　　　　　　　　　　　　　　　　　　　　　　　　　　　第 1 页 共 1 页

序号	项目编码	项目名称及项目特征描述	计量单位	工程量	金额(元)		
					综合单价	合价	其中:暂估价
		分部分项工程					
		B9 给排水、燃气工程					
1	031201003001	金属结构刷油,管道支架刷油　环氧煤沥青涂料,普通级(三油),厚度不小于 0.3 mm	kg	2069.86			
2	桂 031211003001	金属结构除锈 手工除轻锈 管道支架除锈	kg	2069.86			

　　说明:管道支架刷油工程量,以"**kg**"为单位计量,等于支架工程量;按广西规定需计算支架除锈工作,按手工除轻锈计算,除锈工程量等于支架工程量。

　　③管道防腐蚀工程量清单编制示例

　　【例 5-3】　某自动喷淋系统工程,其中一段镀锌钢管道(DN150)需要埋地敷设,工程量为262.86m,埋地管道防腐蚀要求为:埋地镀锌钢管采用沥青涂料,普通级(三油二布)进行外防腐,厚度不小于 4 mm。求该管道防腐蚀工程量,并列出工程量清单。

　　【解】　埋地管道防腐蚀工程量按管道表面积计算,DN150 镀锌钢管外径为 165 mm,管道表面积 $S = \pi \times D \times L$。

　　则防腐蚀工程量 $S = 3.14 \times 0.165 \times 262.86 = 136.19$ m^2。

　　根据以上计算,本例工程量清单见表 5-5。

表 5-5　分部分项工程和单价措施项目清单与计价表(管道防腐蚀)

工程名称:　　　　　　　　　　　　　　　　　　　　　　　　　　　　　　　　　　第 1 页 共 1 页

序号	项目编码	项目名称及项目特征描述	计量单位	工程量	金额(元)		
					综合单价	合价	其中:暂估价
		分部分项工程					
		B9 给排水、燃气工程					
1	031202002	管道防腐蚀沥青涂料,普通级(三油二布),厚度不小于 4 mm	m^2	136.19			

　　④管道绝热工程量清单编制示例

　　【例 5-4】　某给排水热水管道要求室内热水给水干管、回水干管选用 30 mm 橡塑泡棉绝热材料进行保温,已知其中热水管道内衬塑钢管(DN50)工程量为 4215m,求该管道绝热工程量,并列出工程量清单。

【解】 该复合管外径为 63 mm,根据管道绝热工程量计算公式 $V=\pi\times(D+1.033\delta)\times1.033\delta\times L$,则:

$$V=3.14\times(0.063+1.033\times0.03)\times1.033\times0.03\times4215=38.55 \text{ m}^3$$

根据以上计算,本例工程量清单见表 5-6。

表 5-6 分部分项工程和单价措施项目清单与计价表(管道绝热)

工程名称: 　　　　　　　　　　　　　　　　　　　　　　　　　　　第 1 页 共 1 页

序号	项目编码	项目名称及项目特征描述	计量单位	工程量	金额(元)		
					综合单价	合价	其中:暂估价
		分部分项工程					
		B9 给排水、燃气工程					
1	031208002001	热水管道绝热　管道外径 133 mm 以下 绝热材料:橡塑泡棉 厚度:$\delta=30$ mm	m³	38.55			

⑤风管绝热工程量清单编制示例

【例 5-5】 某中央空调风管绝热要求如下:绝热材料品种为不燃 A 级铝箔贴面离心玻璃棉,绝热厚度为 30 mm、板材密度为 64 kg/m³,外包铝箔保护层,其中 800 mm×320 mm 的矩形风管长度为 1236 m,求风管绝热工程量,并列出工程量清单。

【解】 矩形风管绝热工程量 $V=2\times(A+B+2\delta)\times\delta\times L$,根据以上资料有

$$V=2\times(0.8+0.32+2\times0.03)\times0.03\times1236=87.51 \text{ m}^3$$

根据以上计算,本例工程量清单见表 5-7。

表 5-7 分部分项工程和单价措施项目清单与计价表(风管绝热)

工程名称: 　　　　　　　　　　　　　　　　　　　　　　　　　　　第 1 页 共 1 页

序号	项目编码	项目名称及项目特征描述	计量单位	工程量	金额(元)		
					综合单价	合价	其中:暂估价
		分部分项工程					
		B7 通风空调工程					
1	031208003001	通风管道绝热 绝热材料品种:硅酸铝板材、密度 64 kg/m³、外包铝箔保护层 绝热厚度:30 mm	m³	87.51			

五、思想政治素养养成

培养学生求真务实的精神,客观、正确地分析问题、解决问题的能力。

六、任务分组(表 5-8)

表 5-8 任务分组单(刷油、防腐蚀、绝热)

班级		指导老师	
组长姓名		组长学号	
成员 1,学号: 姓名: 任务描述:			
成员 2,学号: 姓名: 任务描述:			
成员 3,学号: 姓名: 任务描述:			
成员 4,学号: 姓名: 任务描述:			

说明:小组成员自愿组合,原则上不超过 4 名同学为一小组。

七、任务成果表(表 5-9)

表 5-9　任务成果表(刷油、防腐蚀、绝热)

序号	项目编码	项目名称及项目特征描述	计算单位	工程量

说明:行数不够请自行添加。

八、小组互评表(表 5-10)

表 5-10 小组互评表(刷油、防腐蚀、绝热)

班级		学号		姓名		得分	
评价指标		评价内容				分值	评价分值
信息检索能力		能自觉查阅规范,将查到的知识运用到学习中				5 分	
课堂学习情况		是否认真听课,进行有效笔记;是否在课堂中积极思考、回答问题,并学有所获				10 分	
沟通交流能力		积极主动与小组成员沟通交流,共同讨论,气氛和谐,并在和谐、平等、互相尊重的基础上,与小组成员共同提高与进步				5 分	
知识能力		掌握了清单编码的编制与运用规则				20 分	
		掌握了工程量计算规则,并准确地完成工程量计算				20 分	
		掌握了项目名称及项目特征描述的基本要求				20 分	
		掌握了分项的基本方法并能依据所给资料将所需计算的内容正确进行分项计算				20 分	
全体组员签名						年 月 日	

说明:本表应由组长组织全体组员,客观公正地对全组成员进行合理评价。

九、教师评价表(表 5-11)

表 5-11 教师评价表(刷油、防腐蚀、绝热)

班级		姓名		学号		分值	评价分数
作品完成度		1.项目编码是否准确				15 分	
		2.是否能正确对计算内容进行分项计算				15 分	
		3.是否能准确描述项目名称				15 分	
		4.工程量是否准确或在合理的误差范围内				15 分	
课堂及平时表现		1.是否按时完成作业				5 分	
		2.考勤				10 分	
		3.课堂表现是否突出,认真听课,认真思考并积极回答问题、解决问题				5 分	
自主学习情况		1.是否主动查阅相关信息资料自主学习				10 分	
		2.是否能与组内成员积极探讨,达成共识				10 分	
总分							

附录一 安装工程造价基本知识（通用模块）

说明：本附录基于《建设工程工程量清单计价规范》（GB 50500—2013）、《通用安装工程工程量计算规范》（GB 50856—2013）、《广西壮族自治区安装工程消耗量定额》（2015 年版）等相应规范与规则编写。

1 安装工程费用的组成

按照工程造价形成划分，建设工程费由分部分项工程费、措施项目费、其他项目费、规费、税前项目费、增值税组成。分部分项工程费、措施项目费、其他项目费包含人工费、材料费、施工机具使用费、企业管理费和利润。各项费用的价格均不包含增值税进项税额。

1.1 分部分项工程费

分部分项工程费是指在施工过程中，建设工程的分部分项工程应予列支的各项费用。

1.2 措施项目费

措施项目费是指为完成工程项目施工，发生于该工程施工准备和施工过程中技术、生活、安全、环境保护等方面的非工程实体项目的费用，包括单价措施项目费和总价措施项目费。

1.2.1 单价措施项目费

措施项目中以单价计价的项目，即根据工程施工图（含设计变更）和相关工程现行国家计量规范及广西计量规范细则规定的工程量计算规则进行计量，与已标价工程量清单相应综合单价进行价款计算的项目。

（1）吊装加固费，是指行车梁加固，桥式起重机加固及负荷试验，整体吊装临时加固，加固设施拆除、清理所需的费用。

（2）金属抱杆安装、拆除、移位费，是指金属抱杆安装、拆除、移位，吊耳制作、安装，拖拉坑挖埋所发生的费用。

（3）平台铺设、拆除费，是指用钢管或钢轨等型钢铺设平台所发生的场地平整，基础及支墩砌筑，支架型钢搭设，平台铺设、拆除、清理等费用。

（4）提升、顶升装置费，是指用起重设备把大型结构、设备垂直地安装到设计标高所需的安装、拆除费用。

（5）焊接工艺评定费，是指对成品焊接件进行焊接、探伤、射线、焊缝金属化学成分分析、拉伸、弯曲等检测所发生的费用。

（6）胎（模）具制作、安装、拆除费，是指胎具、模具制作、安装、拆除所产生的费用。

（7）防护棚制作、安装、拆除费，是指施工所需要的防护棚的制作、安装、拆除所产生的人工费、机械费、材料费等。

(8)大型机械进出场及安拆费,是指大型机械整体或分体自停放场地运至施工现场或由一个施工地点运至另一个施工地点,所发生的机械进出场运输转移费用及机械在施工现场进行安装、拆卸所需的人工费、材料费、机械费、试运转费和安装所需的辅助设施(如塔吊基础)的费用。

(9)二次搬运费,是指因施工场地条件限制而发生的材料、构配件、半成品等一次运输不能到达堆放地点,必须进行二次或多次搬运所发生的费用。

(10)已完工程保护费,竣工验收前,对已完工程进行保护所需的费用。

(11)夜间施工增加费,是指因必须在夜间连续施工所发生的工作降效、夜班津贴、夜间施工照明设备摊销及照明用电等费用。

1.2.2　总价措施项目费

措施项目中以总价计价的项目,即在现行国家计量规范及广西计量规范细则中无工程量计算规则,以总价(或计算基数乘费率)计算的项目。

(1)安全文明施工费

安全文明施工费包含如下四项费用:

①环境保护费,是指施工现场为达到环保部门要求所需要的各项费用。

②文明施工费,是指施工现场文明施工所需要的各项费用。

③安全施工费,是指施工现场安全施工所需要的各项费用,但不包含建设行政主管部门要求现场设置监控措施所发生的费用。

④临时设施费,是指施工企业为进行建设工程施工所必须搭设的生活和生产用的临时建筑物、构筑物和其他临时设施费用。包括施工现场临时宿舍、文化福利及公用事业房屋与构筑物、仓库、办公室、加工厂、工地实验室以及规定范围内的道路、水、电、管线等临时设施和小型临时设施等的搭设、维修、拆除、周转或摊销等费用,以及工程完工后为恢复原貌而发生的对上述措施拆除与恢复的费用。

(2)检验试验配合费,是指施工单位配合检测机构按规定进行建筑材料、构配件等试样的制作、封样、送检和其他为保证工程质量而进行的检验试验所发生的费用。根据广西质量检测管理规定,专项检测和见证取样检测等第三方检测业务由建设单位委托有资质的检测机构承担,所发生的检验试验费由建设单位直接支付,列入工程建设其他费用内。

(3)雨季施工增加费,是指在雨季施工所增加的费用,包括防雨和排水设施、功效降低等费用。

(4)暗室施工增加费,在地下室(或暗室)内进行施工时所发生的照明费、照明设备摊销费及人工降效费。

(5)交叉施工补贴,设备安装工程与建筑装饰装修工程进行交叉作业而相互影响的费用。

(6)特殊保健费,在有毒有害气体和有放射性物质区域范围内的施工人员的保健费,与建设单位职工享受同等特殊保健津贴。

(7)在有害身体健康的环境中施工增加费,是指在有害身体健康的环境中施工需要增加的措施费和施工降效费。

(8)优良工程增加费,是指招标人要求承包人完成的单位工程质量达到合同约定的优良工程所必须增加的施工成本费。

(9)提前竣工(赶工)费,是指承包人应招标人的要求而采取加快工程进度措施,使合同工程工期缩短,由此产生的应由发包人支付的费用。

(10)脚手架工程费,是指施工需要的各种脚手架搭、拆、运输费用以及脚手架购置费的摊销(或租赁)费用。

(11)高层建筑增加费,是指高层建筑(6 层或 20 m 以上的工业与民用建筑)施工应增加的人工降效及材料垂直运输增加的人工费。

(12)特殊地区施工增加费,是指在高原、高寒地区、地震区域施工所产生的防护费用。

(13)安装与生产同时进行增加费,是指改、扩建工程在生产车间或装置内施工,因生产操作或生产条件限制(如不准动火)干扰了安装工作正常进行而导致降效的增加费用。不包括为了保证安全生产和施工所采取的措施费用。

(14)大型设备专用机具费,是指大型设备专用机具的安装、拆除产生的费用。

(15)设备、管道施工的安全、防冻和焊接保护费,是指保证工程施工正常进行的安全、防冻和焊接保护所产生的费用。

(16)管道安拆后的充气保护费,是指充气管道安装、拆除后需充气保护所产生的费用。

(17)焦炉烘炉、热态工程增加费,是指焦炉烘炉安装、拆除、外运或热态作业劳保消耗费。

(18)行人行车干扰增加费,是指改扩建工程在施工过程中包括因干扰造成的降效及专设的指挥交通的人员增加的费用,但封闭施工的工程、厂区、生活区、专用道路不得计算。

1.3 其他项目费

1.3.1 暂列金额

是指招标人在工程量清单中暂定并包括在工程合同价款中的一笔款项。用于工程合同签订时尚未确定或者不可预见的所需材料、工程设备、服务的采购,施工中可能发生的工程变更、合同约定调整因素出现时的工程价款调整以及发生的索赔、现场签证确认等的费用。

1.3.2 暂估价

是指招标人在工程量清单中提供的用于支付必然发生但暂时不能确定价格的材料、工程设备的单价以及专业工程的金额,包括材料设备暂估价、专业工程暂估价。

1.3.3 计日工

是指在施工过程中,承包人完成发包人提出的工程合同以外的零星项目或工作,按合同中约定的单价计价的一种方式。

1.3.4 总承包服务费

是指总承包人为配合协调发包人进行的专业工程分包,对发包人自行采购的材料、工程设备等进行保管以及施工现场管理、竣工资料汇总整理等服务所需的费用。

1.3.5 停工窝工人工补贴

是指施工企业进入现场后,由于涉及变更、停水停电累计超过 8 小时(不包括周期性停水停电)以及按规定应由建设单位承担责任的原因造成的,现场调剂不了的停工、窝工损失。

1.3.6 机械台班停滞费

是指非承包商责任造成的机械停滞所发生的费用。

1.4 规费

是指按国家法律、法规规定,由省级政府和省级有关权力部门规定必须缴纳或计取的费用。

1.4.1 社会保险费

是指企业按照规定标准为职工缴纳的养老保险费、失业保险费、医疗保险费、生育保险费、工伤保险费。

1.4.2　住房公积金

是指企业按规定标准为职工缴纳的住房公积金。

1.4.3　工程排污费

是指施工现场按规定缴纳的工程排污费。

1.5　税前项目费

是指在费用计价程序的增值税项目前,根据交易习惯按市场价格进行计价的项目费用。税前项目的综合单价不按定额和清单规定程序组价,而按市场规则组价,其内容为包含了除增值税以外的全部费用。

1.6　税金

是指国家税法规定的应计入建筑安装工程造价内的增值税。

2　工程量清单

2.1　工程量清单

是指载明建设工程的分部分项工程项目、措施项目、其他项目的名称和相应数量等内容的明细清单。

2.2　招标工程量清单

是指招标人依据国家标准、招标文件、设计文件以及施工现场实际情况编制的,随招标文件发布供投标报价的工程量清单,包括其说明和表格。

2.3　一些规定

(1)工程量清单的编制应执行最新版《建设工程工程量清单计价规范》(GB 50500)。使用国有资金投资的建设工程发承包,必须采用工程量清单计价,国有资金投资的工程建设项目包括使用国有资金投资和国家融资投资的工程建设项目。

(2)工程量计算依据:

①最新版《〈建设工程工程量清单计价规范(GB 50500—2013)〉广西壮族自治区实施细则》;

②自治区建设主管部门颁发的定额及有关规定;

③经审定通过的施工设计图纸及其说明;

④经审定通过的施工组织设计或施工方案;

⑤经审定通过的其他有关技术经济文件;

⑥其他资料。

(3)工程实施过程中的计量应按《〈建设工程工程量清单计价规范(GB 50500—2013)〉广西壮族自治区实施细则》的相关规定执行。

(4)工程计量时每一项目汇总的有效位数应遵守下列规定:

①以"t""km"为单位,应保留小数点后三位数字,第四位小数四舍五入。

②以"m""m²""m³""kg"为单位,应保留小数点后两位数字,第三位小数四舍五入。

③以"台""个""只""对""份""件""樘""榀""根""组""株""丛""缸""套""支""块""座""系统"为单位,应取整数。

(5)招标工程量清单应由具有编制能力的招标人或受其委托、具有相应资质的工程造价咨询人编制。

(6)招标工程量清单必须作为招标文件的组成部分,其准确性和完整性应由招标人负责。

2.4　编制招标工程量清单的依据

(1)国家计价规范及地方计价实施细则(最新版);

(2)国家计量规范及地方计量实施细则(最新版);

(3)地方建设主管部门颁发的相关定额和计价规定;

(4)建设工程设计文件及相关资料;

(5)与建设工程有关的标准、规范、技术资料;

(6)拟定的招标文件;

(7)施工现场情况、地勘水文资料、工程特点及常规施工方案;

(8)其他相关资料。

2.5　工程量清单的组成

工程量清单书应包括:封面、总说明、分部分项工程项目清单、措施项目清单、其他项目清单、税前项目清单、规费和税金项目清单。

分部分项工程量清单必须依据《建设工程工程量清单计价规范》(GB 50500—2013)与地方计价实施细则规定的项目编码、项目名称、项目特征、计量单位、工程量编制。

工程量清单的项目编码,应采用十二位阿拉伯数字表示,一至九位按计价规范附录的规定设置,十至十二位应根据拟建工程的工程量清单项目名称和项目特征设置,同一招标工程的项目编码不得有重码。

各级编码的含义:

第一级表示专业工程代码(前二位);第二级表示附录分类顺序码(第三、第四位);第三级表示分部工程顺序码(第五、第六位);第四级表示分项工程项目码(第七、第八、第九位);第五级表示具体清单项目码(后三位,由编制人设置,从 001 编起),如附表 1-1 所示。

附表 1-1　分部分项工程和单价措施项目清单与计价表

工程名称:　　　　　　　　　　　　　　　　　　　　　　　　　　第 1 页,共　　页

序号	项目编码	项目名称及项目特征描述	计量单位	工程量	金额(元)		
					综合单价	合价	其中:暂估价
1	030404034001	暗装单联单控开关 220 V,10 A	套	45			
2	030412005001	吸顶式单荧光灯 220 V,36 W	套	30			
3	030411004001	管内穿线 照明线路 BV-2.5	m	100			

项目名称与项目特征应根据《建设工程工程量清单计价规范》(GB 50500—2013)与地方计价实施细则相应附录中的项目名称与项目特征,结合实际工程情况进行描述。

计量单位应根据《建设工程工程量清单计价规范》(GB 50500—2013)与地方计价实施细则规定确定。

工程量应根据国家计量规则与地方计量实施细则规定进行计算。

措施项目清单、其他项目清单、税前项目清单、规费和税金项目清单应按《建设工程工程量清单计价规范》(GB 50500—2013)与地方计价实施细则规定、相关国家政策法规等,结合实际工程情况编制。

3 工程量清单计价

工程量清单主要包括招标人编制招标控制价与投标人编制投标报价两种情况。

工程量清单应采用综合单价计价。

综合单价:完成一个规定清单项目所需的人工费、材料和工程设备费、施工机械使用费、企业管理费、利润以及一定范围内的风险费用。

工程量清单计价应执行《建设工程工程量清单计价规范》(GB 50500—2013)与地方计价实施细则。

根据广西壮族自治区安装工程费用定额,管理费、利润、安全文明施工费划分为两类取费标准(除此之外的其他各项费用均为同一取费标准),具体为:

Ⅰ类取费标准包括给排水、燃气、电气、通风空调、消防、建筑智能、通信、自控仪表工程。

Ⅱ类取费标准包括机械设备、热力设备、静置设备及金属结构、工业管道、刷油防腐蚀绝热工程。

在编制施工图预算、标底、招标控制价等时,有费率区间的项目应在费率区间的中值至上限值间取定,一般工程按费率中值取定,特殊工程可根据投资规模、技术含量、复杂程度在费率中值至上限值间选择,并在招标文件中载明,无费率区间的项目一律按规定的费率取值。

投标报价时,除安全文明施工费、规费和增值税按广西壮族自治区安装工程费用定额规定的费率计算外,其余各项费用,企业可自主确定。

3.1 工程量清单计价程序

(1)分部分项工程和单价措施项目清单计价合计。

(2)总价措施项目清单计价合计。

(3)其他项目清单计价合计。

(4)税前项目清单计价合计。

(5)规费。

(6)增值税。

工程总造价等于以上六项费用之和。

3.2 综合单价

综合单价主要包含人工费、材料费、机械费、管理费和利润,其计算方法见附表1-2。

管理费与利润应按地方工程量清单计价实施细则及相应取费规范所规定的办法计算。

附表 1-2 综合单价计算方法

序号	项目	计算方法
1	人工费	$\sum$(分部分项工程量清单工程内容的工程量×相应消耗量定额中人工费)/清单项目工程量
2	材料费	$\sum$(分部分项工程量清单工程内容的工程量×相应消耗量定额中材料含量×相应材料单价)/清单项目工程量
3	机械费	$\sum$(分部分项工程量清单工程内容的工程量×相应消耗量定额中机械含量×相应机械单价)/清单项目工程量
4	管理费	$\sum$[<1>+<3>]×相应管理费率
5	利润	$\sum$[<1>+<3>]×相应利润费率
综合单价		<1>+<2>+<3>+<4>+<5>

注:"< >"内的数字均为表中对应的序号。

其中管理费费率与利润费率按附表 1-3 执行。

附表 1-3 费率

编号	取费标准	计算基数	管理费费率(%)	利润费率(%)
1	Ⅰ类取费标准	$\sum$ 分部分项及单价措施费定额(人工费+机械费)	27.06~34.50	12.47~16.31
2	Ⅱ类取费标准		19.00~26.60	7.90~11.86

【附例 1-1】 某安装工程需安装暗装单联单控开关(220 V,10 A)120 套,已知该开关市场信息价为 5.52 元/个,相应费率按中限值计取,求该开关的综合单价。

【解法一】 根据附图 1-1 所示定额 B4-0412,有

工作内容:测位、划线、打眼、缠埋螺栓、清扫盒子、上木台、缠钢丝弹簧垫、装开关和按钮、接线、装盖。　　　　单位:10 套

定 额 编 号			B4-0412	B4-0413	B4-0414	B4-0415
项 目			翘板暗开关(单控)			
			单联	双联	三联	四联
基 价 (元)			96.76	99.16	101.57	104.59
其中	人 工 费 (元)		76.72	79.06	81.40	84.36
	材 料 费 (元)		20.04	20.10	20.17	20.23
	机 械 费 (元)		—	—	—	—
	名 称	单位	单价(元)	数		量
材料	照明开关	个	—	(10.200)	(10.200)	(10.200)	(10.200)
	开关盒	个	1.30	10.200	10.200	10.200	10.200
	塑料护口 15~20	个	0.13	10.300	10.300	10.300	10.300
	镀锌锁紧螺母 20	个	0.30	10.300	10.300	10.300	10.300
	木螺钉 m²~4×6~65	个	0.08	20.800	20.800	20.800	20.800
	镀锌铁丝(综合)	kg	5.20	0.100	0.100	0.100	0.100
	其他材料费	元	—	0.17	0.23	0.30	0.36

附图 1-1 定额 B4-0412

人工费单价＝76.72/10＝7.672 元

材料费单价＝20.04/10＋5.52×1.02＝7.634 元

机械费单价＝0.00 元

管理费单价＝(7.672＋0.00)×30.78%＝2.361 元

利润单价＝(7.672＋0.00)×14.39%＝1.104 元

综合单价＝7.672＋7.634＋0.00＋2.361＋1.104＝18.77 元(最终结果应保留两位小数)

【解法二】　先求出 120 套开关的合价,再用合价除以工程量 120,以提高计算精度。

根据定额 B4-0412,安装该开关 120 套的费用如下:

人工费＝76.72×12＝920.64 元

材料费＝20.04×12＋5.52×120×1.02＝916.128 元

机械费＝0.00 元

管理费＝(人工费＋机械费)×30.78%＝(920.64＋0.00)×30.78%＝283.373 元

利润＝(人工费＋机械费)×14.39%＝(920.64＋0.00)×14.39%＝132.48 元

则安装该开关的综合单价＝920.64/120＋916.128/120＋0.00＋283.373/120＋132.48/120＝18.77 元/套

3.3　分部分项工程费及单价措施项目费

根据附例 1-1,该工程分部分项工程费合计应为:920.64＋916.128＋0.00＋283.373＋132.48＝2252.94 元。

其中人工费:920.64 元。

机械费:0.00 元。

本例不计算单价措施项目费。

3.4　总价措施项目费

总价措施项目费计算方法见附表 1-4。

附表 1-4　总价措施项目费计算方法

编号	项目名称		计算基数	费率(%)
1	安全文明施工费	Ⅰ类取费标准	∑ 分部分项及单价措施费定额(人工费＋机械费)	12.12
		Ⅱ类取费标准		9.36
2	检验试验配合费			0.41~0.61
3	雨季施工增加费			3.07~5.11
4	暗室施工增加费		按各册定额说明计取;无规定的按暗室施工人工费×25%计算	—

3.4.1　安全文明施工费

根据附表 1-4,附例 1-1:安全文明施工费按Ⅰ类取费,其费用为:

(分部分项人工费合计＋分部分项机械费合计＋单价措施项目人工费合计＋单价措施项目机械费合计)×12.12%＝(920.64＋0.00＋0.00＋0.00)×12.12%＝111.58 元

3.4.2   检验试验配合费

根据附例 1-1,该工程检验试验配合费为:

(分部分项人工费合计+分部分项机械费合计+单价措施项目人工费合计+单价措施项目机械费合计)×0.51%(假设按中限值取值计算)=(920.64+0.00+0.00+0.00)×0.51% =4.70 元

3.4.3   雨季施工增加费

根据附例 1-1,该项目雨季施工增加费为:

(分部分项人工费合计+分部分项机械费合计+单价措施项目人工费合计+单价措施项目机械费合计)×4.09%(假设按中限值取值计算)=(920.64+0.00+0.00+0.00)×4.09% =37.65 元

3.4.4   暗室施工增加费

附例 1-1 为电气设备安装工程,根据定额相应册说明,其费用计算办法见附表 1-5。

附表 1-5   地下室(暗室)施工增加费计算标准

序号	项目	计费标准
2	城市轨道电气安装工程地下部分、单独承包的地下室(暗室)电气安装工程	地下(暗室)施工的电气工程定额人工费×25%
3	其他地下室(暗室)电气安装工程	1.5 元/m²

3.4.5   脚手架工程费

脚手架工程费应按各册定额规定计算。

根据电气设备安装工程消耗量定额分册说明,脚手架工程费的计算办法如下:脚手架搭拆费按人工费的 5%计算,10kV 以下架空线路、路灯工程、独立承担的电缆埋地敷设工程不得计算脚手架搭拆费。

则附例 1-1 的脚手架工程费为:

920.64×5%=40.03 元

3.4.6   高层建筑增加费

高层建筑增加费应按各册定额规定计算。

根据电气设备安装工程消耗量定额册说明,建筑物高度在 6 层或 20 m 以上,高层建筑增加费应按附表 1-6 的取定系数计算。

附表 1-6   高层建筑增加费计算标准

层数	9 层以下 (30 m)	12 层以下 (40 m)	15 层以下 (50 m)	18 层以下 (60 m)	21 层以下 (70 m)	24 层以下 (80 m)	27 层以下 (90 m)	30 层以下 (100 m)	33 层以下 (110 m)
按人工费的 %	1	2	4	6	8	10	13	16	19
层数	36 层以下 (120 m)	39 层以下 (130 m)	42 层以下 (140 m)	45 层以下 (150 m)	48 层以下 (160 m)	51 层以下 (170 m)	54 层以下 (180 m)	57 层以下 (190 m)	60 层以下 (200 m)
按人工费的 %	22	25	28	31	34	37	40	43	46

计算建筑物的层数或高度时,应注意:

(1)地下室部分不能计算层数和高度;

(2)层高不超过 2.2 m 时,不计层数;

（3）屋顶单独水箱间、电梯间不能计算层数，也不计高度；

（4）同一建筑物高度不同时，可按建筑物加权平均高度计算；

（5）高层坡形顶建筑物，可按超过六层（或 20 m）的平均高度计算；

（6）顶层阁楼有居住功能的，则计算层数，其层高按平均高度计算；

（7）建筑层数和高度两者满足其一即可计取，且按两者高值考虑。

假设附例 1-1 中，建筑物高度为 28 m，则其高层建筑增加费应该为 920.64×1％＝9.21 元。

其他总价措施项目费不予考虑，则总价措施项目费合计为：111.58＋4.70＋37.65＋40.03＋9.21＝203.17 元。

3.5　其他项目清单计价合计

应视工程具体情况，按实际发生的项目，根据地方计价规范或地方费用定额规定的计算办法计算。

3.6　税前项目费

根据工程实际情况计算。

3.7　规费

规费主要包含社会保险费、住房公积金、工程排污费三大内容，其中社会保险费已含养老保险费、失业保险费、医疗保险费、生育保险费、工伤保险费等内容。规费的计算方法见附表 1-7。

附表 1-7　规费的计算方法

编号		费用名称	计算基数	费率（％）
1		社会保险费		29.35
其中	1.1	养老保险费	∑分部分项及单价措施项目费定额人工费	17.22
	1.2	失业保险费		0.34
	1.3	医疗保险费		10.25
	1.4	生育保险费		0.64
	1.5	工伤保险费		0.90
2		住房公积金		1.85
3		工程排污费		0.40

附例 1-1 的规费＝（920.64＋0.00）×（29.35％＋1.85％＋0.40％）＝290.92 元

3.8　增值税

增值税应按 9％税率计算，计算基数为分部分项工程费及单价措施项目费＋总价措施项目费＋其他项目费＋税前项目费＋规费。

附例 1-1 的增值税＝（2252.94＋203.17＋290.92）×9％＝247.23 元

3.9　安装工程总造价

附例 1-1 的安装工程总造价＝分部分项工程费及单价措施项目费＋总价措施项目费＋其他项目费＋税前项目费＋规费＋增值税＝2252.94＋203.17＋0＋0＋290.92＋247.23＝2994.26 元。

附录二 斯维尔安装算量（for CAD）软件使用指南

1 斯维尔安装算量（for CAD）软件概述

斯维尔安装算量(for CAD)软件是一套全新的建筑安装工程量图形化计算软件,它以 AutoCAD 为平台,采用"虚拟施工"的方式进行三维建模,可用于建设工程设计、施工、监理等单位的安装工程算量工作。

1.1 软硬件环境

斯维尔安装算量(for CAD)软件对硬件条件并没有特别的要求,只要能满足 AutoCAD 的使用条件即可。

针对软件操作要求,鼠标应附带滚轮,并且有三个或更多的按钮(许多鼠标的第三个按钮就是滚轮,既可以按又可以滚)。作为 CAD 应用软件,屏幕的大小是非常关键的,用户至少应当在 1024×768 的分辨率下工作,如果达不到这个条件,可以用来绘图的区域将很小,很难想象用户会工作得非常如意。

斯维尔安装算量(for CAD)软件支持 AutoCAD 2011\2012\2018 版本,换而言之,Auto-CAD 2011\2012\2018 是斯维尔安装算量(for CAD)软件正式支持的 AutoCAD 平台。

斯维尔安装算量(for CAD)软件支持的操作系统与 AutoCAD 保持一致。当前版本仅支持在 64 位操作系统上运行。

1.2 软件安装与启动

从斯维尔软件官网上下载软件安装包后解压,双击打开安装包,鼠标右键"以管理员身份运行"安装程序,如附图 2-1 和附图 2-2 所示。

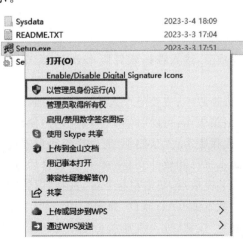

附图 2-1 软件安装程序　　　　　　　附图 2-2 "以管理员身份"运行程序

运行后,弹出软件安装向导界面,在对话框中左键点击"下一步"按钮,如附图 2-3 所示。

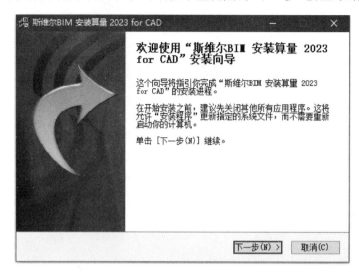

附图 2-3　软件安装向导界面

点击完成后,在许可证协议界面中左键点击"我接受"按钮,如附图 2-4 所示。

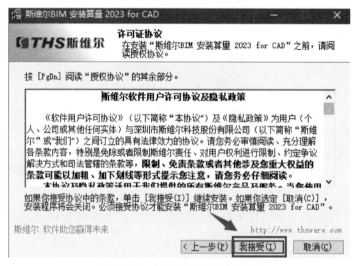

附图 2-4　安装许可证协议界面

点击完成后,进入选择软件版本界面(附图 2-5),版本分别为:单机锁、网络锁和云授权版本。

(1)单机锁版本:主要是个人用户使用,插锁使用;

(2)网络锁版本:可同时供 2 个以上用户使用,插锁使用;

(3)云授权版本:无须插锁,通过授权码形式使用。

完成版本选择和软件安装路径位置设置后点击"安装"按钮,等待软件安装完成即可。

软件安装完成后,单击鼠标右键,选择"以管理员身份"方式启动软件,启动软件后,若电脑安装有多个版本的 CAD 软件,弹出"启动提示"对话框,在该对话框中选择合适的 CAD 版本后,点击"确定"按钮,进入斯维尔安装算量(for CAD)软件界面,如附图 2-6、附图 2-7 所示。

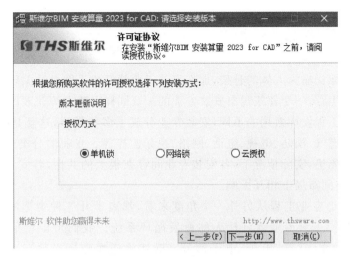

附图 2-5　选择软件版本界面

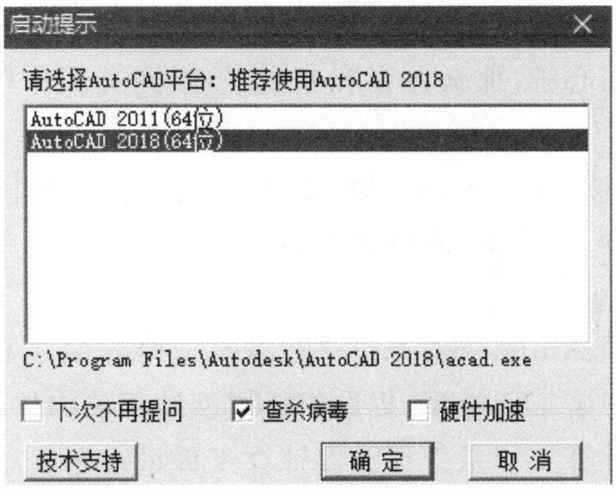

附图 2-6　"启动提示"对话框

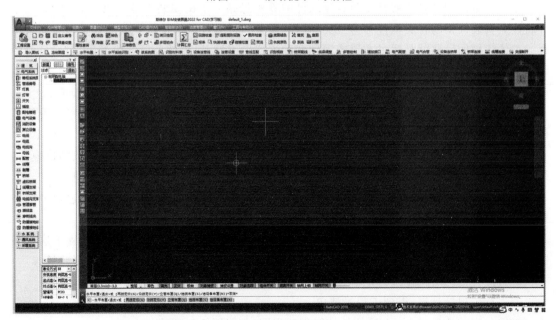

附图 2-7　斯维尔安装算量(for CAD)软件界面

1.3 安装算量思路

1.3.1 安装专业的特点

如果把建筑框架比喻为人体的骨架,那么安装专业就好比人的血液循环系统,一个人没有血液循环系统无法生存,一个建筑没有安装专业的配套同样无法发挥其效用。

根据各个单项工程发挥效用的不同,安装专业分成了多种类型,这就是我们常说的专业,例如水、电、暖、通、燃气、消防、电视、电话、网络、视频监控等。专业的分类从一定程度上造成了各个专业之间的隔绝,实际情况下,各安装专业间存在很大的共性,各安装专业尽管是一个单独的系统,但在空间布局上相互影响。

以上所列的各个专业工程从另外一个角度来看,都离不开三种类型的构件,即设备、管线、附件。前面讲的,安装专业就好比人的血液循环系统。我们可以将通过各安装工程的流体视为血液,例如水、空气、电子、电子信号。既然输送血液还必须有一个造血的器官和用血器官,从造血器官到用血器官必然经过血管的输送。在安装工程中,起血管作用的就是水管、风管、电线、光纤等,在输送过程中不能完全放任自流,那么就需要一定的控制,比如心脏瓣膜可阻止血液倒流回心脏,那么在安装专业中,起到类似作用的就是管道附件,比如阀门、仪表等。

综上所述,整个安装专业,无论水、电、暖、通、燃气、消防、电视、电话、网络、视频监控等,我们都可以将其分为三类构件,即设备、附件和管道。

1.3.2 安装算量操作思路

安装算量软件作为基于 Autodesk CAD 平台的真三维安装工程量计算软件,其工作原理就是通过建立真实的三维安装工程模型,提取组成模型的相关构件工程量属性,并通过程序内部控制的智能扣减关系来计算工程量。那么要计算工程量首先就需要建立一个真实的三维安装工程模型。

建立三维模型的思路就是安装算量软件的算量思路。依据安装专业的共性,安装算量软件将建立安装模型的各类构件分为三类:管线、设备、附件,打破传统按安装专业来区分安装工程。整体建模的思路就是通过布置或识别两种方式生成设备、附件及管线模型,再对设备与管线进行连接,将附件放到管线合适位置上,整个算量过程如附图 2-8 所示。

使用斯维尔安装算量(for CAD)软件进行工程算量的流程大致分为以下几个步骤:

①工程设置。包含计量模式、楼层设置、工程特征三个内容的设置,是整个工程的纲领性设置工作。

②构件编号定义和识别工作。有电子图文档的可将电子图导入软件内进行识别建模,如果没有电子图文档,则手工录入构件的编号、所属系统等内容,同时要录入材料信息。

③构件布置工作,将定义好的构件布置到界面中,如有电子图文档的,在识别过程中已将构件识别并布置到界面上了,这一步可省略。

④修改和编辑布置在界面上的构件。对不符合要求的构件进行修改,建模流程中这是关键的一步,因为往往布置和识别的构件不一定符合要求,需要修改,如位置、大小、形状等。

⑤做法挂接。对构件进行定额挂接,当然这一步也可在编号定义时进行。

⑥进行工程量计算,得到工程量清单。

斯维尔安装算量(for CAD)软件的工作流程图,如附图 2-9 所示。

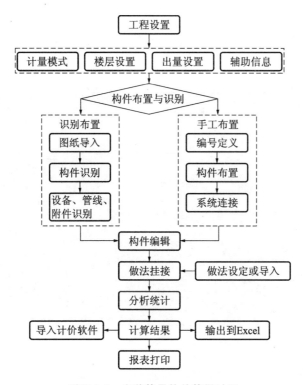

附图 2-8 安装算量软件算量过程

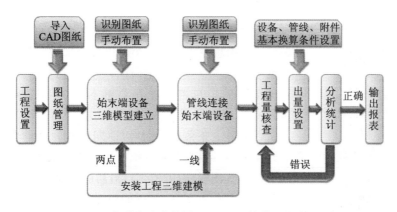

图 2-9 斯维尔安装算量(for CAD)软件工作流程图

软件通过设备识别,将始末端设备二维图转化为三维模型;通过提取规格型号智能识别管线,自动计算长度与面积,该识别过程不只实现二维线条三维化,并且使管线自动连接始末端设备(竖向管道自动生成)。

1.4 软件界面

1.4.1 菜单

斯维尔安装算量(for CAD)软件从 2005 年推出市场,至今已有 10 多年,界面风格基本保持一致。软件的菜单分为窗口菜单和屏幕菜单,窗口菜单居于屏幕顶部、标题栏的下方,屏幕菜单居于界面的左侧,为"折叠式"三级结构,如附图 2-10 所示。

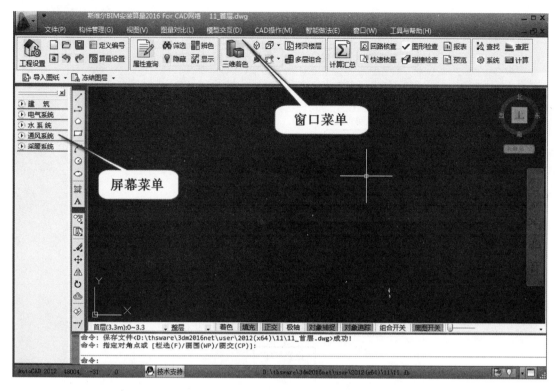

附图 2-10　软件窗口界面

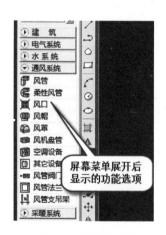

附图 2-11　屏幕菜单展开

　　从软件界面中可以看出,斯维尔安装算量(for CAD)软件在界面布局上采用悬停式的工具菜单以及全部中文提示命令按钮,最大限度地降低了查找命令的时间,加快了用户的操作速度。单击屏幕菜单上的条目可以展开菜单下的功能选项,如附图 2-11所示。

　　执行另外一条菜单功能时,前期展开的菜单会自动合拢;菜单展开下的内容是真正可以执行任务的功能选项,大部分功能选项前都有工具图标,以方便用户对功能的理解。

　　折叠式菜单效率高,但可能由于屏幕的空间有限,有些二级菜单无法完全展开,可以用鼠标滚轮滚动快速到位,也可以右击父级菜单完全弹出。对于特定的工作,有些一级菜单难得一用或根本不用,可以右键点击屏幕菜单上部的空白位置来自定义配置屏幕菜单,设置一级菜单项的可见性。此外,系统还提供了若干个个性化的菜单配置,用于斯维尔安装算量(for CAD)软件菜单系统的瘦身。

　　1.4.2　右键菜单

　　右键菜单是将光标置于界面中点击鼠标右键弹出来的功能选项菜单。

　　右键菜单有三类:光标置于界面空位置的右键菜单,列出的是绘图工作最常用的功能;模型空间空选的右键菜单,列出布图任务常用功能;选中特定对象(构件)的右键菜单,菜单中一一列出与该对象有关的操作,如附图 2-12所示。

1.4.3　命令栏按钮

在命令栏的交互提示中,输入命令后,会在命令栏下方出现相应的选项按钮,如附图 2-13 所示。单击该按钮或点击键盘上对应的快捷字母键,即可执行相应的指令,进入下一步操作。例如选择对配电箱进行【点布置】操作后,在命令栏下方会出现【两线定位(G)】、【沿线定位(Y)】、【直线布置(N)】、【矩形布置(O)】、【选管布置(V)】、【沿墙布置(J)】等选项,供使用者根据需要选择操作。

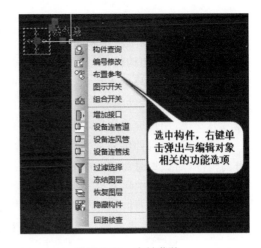

附图 2-12　右键菜单

1.4.4　导航器

在菜单内选中一个执行功能,界面上会弹出一个导航对话框,俗称"导航器"。在这个对话框中可以看到同类构件的所有常规属性,同时可以在这个对话框中对构件进行编号定义以及在构件布置时进行一些内容的指定修改,如附图 2-14 所示。

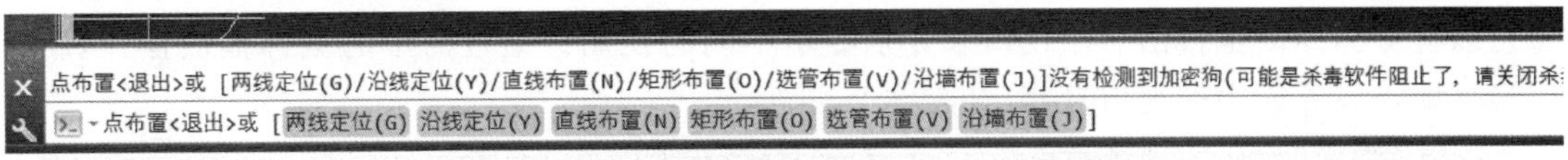

点布置<退出>或 [两线定位(G)/沿线定位(Y)/直线布置(N)/矩形布置(O)/选管布置(V)/沿墙布置(J)]没有检测到加密狗(可能是杀毒软件阻止了,请关闭杀

点布置<退出>或 [两线定位(G) 沿线定位(Y) 直线布置(N) 矩形布置(O) 选管布置(V) 沿墙布置(J)]

附图 2-13　命令栏按钮

导航器缺省是紧靠在屏幕菜单的边缘,用户可以将其拖拽到屏幕中的任意位置,一旦拖出原来位置,导航器的框边将变为蓝色。

导航器内各栏目功能如下:

【编号定义按钮】:点击"编号"按钮,会弹出"构件编号定义"对话框,在对话框中进行构件编号定义。

【编号列表栏】:定义好的构件编号在本栏目内罗列,需要布置什么编号的构件时,在本栏内选择即可布置。

【当前选中编号的属性列表栏】:选中一个构件编号后,选中编号可独立修改的属性在本栏内显示。修改栏目中的属性值,可对正在布置和选中的构件编号进行单独修改。这种修改不影响整个编号的构件。

【当前专业类型栏】:构件属于什么专业,在本栏内进行选择定义,如管道,有给排水、消防、暖通等专业。

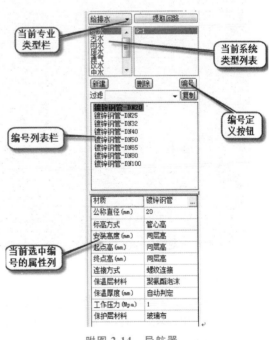

附图 2-14　导航器

【当前系统类型列表】:系统专业下级内容列表栏,如给排水专业的给水、排水等内容。

导航器中三个按钮说明:

【新建】：新建一个构件编号。为了快速进行构件布置，用户可以不必进入"构件编号定义"对话框中对构件编号按部就班地进行定义，这里直接点击"新建"按钮，系统会自动在编号列表栏内创建一个新的构件编号，将这个编号的构件布置好之后再进行修改。

【复制】：在编号列表栏内，选择一个需要复制的构件编号，点击"复制"按钮，就会在列表栏内生成一个新的构件编号。这个新生成的编号全部的属性值都是原构件编号的属性值，只是编号有变化，用户应该再次考察一下是否应该调整相关属性值。

【删除】：将构件编号列表栏内的某个不需要的编号"删除"。如果界面上已经布置了该编号的构件，对该编号将不能执行"删除"。

1.4.5 布置选择及修改快捷按钮

当选择不同构件时，布置及修改方式可能有所不同，该行所显示的按钮是当前构件相关的所有命令的快捷方式。用户可直接点击相关命令按钮进行操作，非常快捷，如附图 2-15 所示。

附图 2-15 布置选择及修改快捷按钮

1.4.6 模型视口

斯维尔安装算量(for CAD)软件最大的视觉效果就是可将算量模型显示为三维图形，用户可以将屏幕界面拖拽出多个视口来分别显示不同的视图。通过简单的鼠标拖放操作，就可以轻松地操纵界面中的视口分割，如附图 2-16 所示。

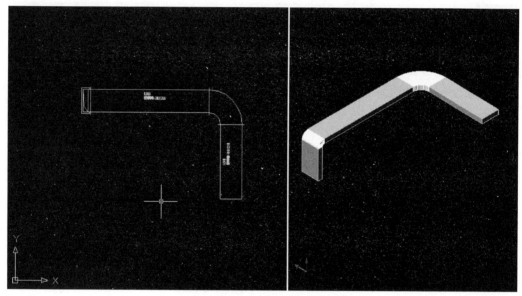

附图 2-16 多视口显示界面

(1)新建视口

将光标置于当前视口的边界，光标形状变为"↔"，此时开始拖放，就可以新建视口。注意光标稍微位于图形区一侧，否则可能是改变其他用户界面，如屏幕菜单和图形区的分隔条和文档窗口的边界。

(2)改视口大小

当光标移到视口边界或角点时，光标的形状会发生变化，此时，按住鼠标左键进行拖放，可以更改视口的尺寸，通常与边界延长线重合的视口也随同改变，如不需改变延长线重合的视口,可在拖动时按住 Ctrl 或 Shift 键。

（3）删除视口

更改视口的大小,使它某个方向的边发生重合（或接近重合）,视口自动被删除。

（4）放弃操作

在拖动过程中如果想放弃操作,可按 ESC 键取消操作。如果操作已经生效,则可以用 AutoCAD 的放弃（UNDO）命令处理。

1.5　工程设置

功能说明:整个工程的纲领性设置在工程设置中进行。

1.5.1　计量模式设置

点击"工程设置"命令,软件弹出"工程设置:计量模式"对话框,在该对话框中进行该项工程基本信息设置,如附图 2-17 所示。

附图 2-17　"工程设置:计量模式"对话框

各个栏目和按钮的作用如下:

【工程名称】:设置本工程的名称。

【计算依据】:工程量输出分为"清单"和"定额"两种模式,在"清单"模式下实物量的输出又分为根据"清单规则"和"定额规则"两种方式输出;在"定额"模式下实物量的输出是根据定额规则输出的。

【定额名称】:选取要挂接做法的定额。

【清单名称】:选取要挂接做法的清单。

【算量选项】:点击后,弹出"算量选项"对话框。

【计算精度】:点击后,弹出"精度设置"对话框,如附图 2-18 所示。在此对话框中设置长度、面积、体积、重量等单位的精度。

附图 2-18　"精度设置"对话框

1.5.2 楼层设置

点击"工程设置：计量模式"界面中的"下一步"进入"工程设置：楼层设置"界面，如附图2-19所示。

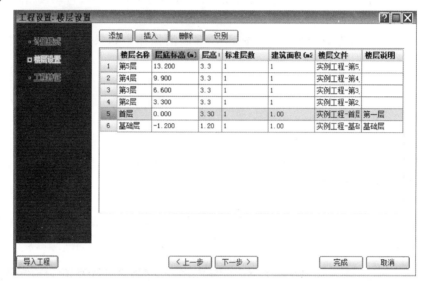

附图2-19 "工程设置：楼层设置"界面

通过"添加""插入"和"删除"按钮可以对楼层信息进行修改。修改的内容在"楼层信息显示栏"中显示。

【识别】：点击此按钮后，鼠标变为口形状，选取软件界面中的楼层信息表格线，就能将所需的楼层信息读取到本界面中。

【导入】：点击此按钮后，选取一个工程文件，就能将工程中的楼层信息导入到本界面中。

1.5.3 工程特征设置

点击"工程设置：楼层设置"界面中的"下一步"进入"工程设置：工程特征"界面中，如附图2-20所示。

附图2-20 "工程设置：工程特征"界面

在此界面中对"电气""水暖"及"通风"专业进行某些数据的设定。

【敷设方式设置】:点击此按钮后弹出"敷设方式设置"界面,如附图 2-21 所示,在此界面中,可以修改敷设代号、敷设描述及敷设高度。

附图 2-21　"敷设方式设置"界面

2　安装算量实例

本部分将以各专业的图纸为例,介绍电气照明、喷淋、给排水和通风空调工程的算量过程。

2.1　新建工程

在进行工程算量前,需要先对整个工程进行初步的全局设置。打开软件后,选择菜单栏中"文件"命令,点击"新建工程"按钮,弹出"新建工程文件"对话框,在弹出的文件对话框中输入工程文件名:"安装算量工程",完成后点击"确定"按钮,出现"工程设置:计量模式"对话框,如附图 2-22 所示。

附图 2-22　"工程设置:计量模式"对话框

在该对话框中选择"计算依据"为清单模式、实物量按照定额规则计算,定额为"广西安装工程消耗量定额 2015",清单名称为"国标清单(广西 2013)",设置完成后,点击"楼层设置"选项,进入楼层设置界面,用鼠标选中第一层,点击"插入"按钮,根据图纸信息插入楼层信息,然后点击"确定"按钮。

2.2　喷淋系统布置

2.2.1　图纸导入

在辅助菜单栏中点击"导入图纸"命令,软件弹出对话框,在对话框中选择相应的图纸,如附图 2-23 所示。

附图 2-23　导入图纸

2.2.2　图纸处理

图纸导入软件后进行图纸处理,对图纸进行分解操作。点击"导入图纸"旁边的下拉窗口,点击"分解图纸",框选图纸并分解,如附图 2-24 所示。

进行图纸识别前的图纸处理:点击"冻结所选图层"(附图 2-25),将图纸中的暂时不需要的线条、图层隐藏,如附图 2-26、附图 2-27 所示。

附图 2-24　分解图纸

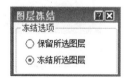

附图 2-25　图纸冻结

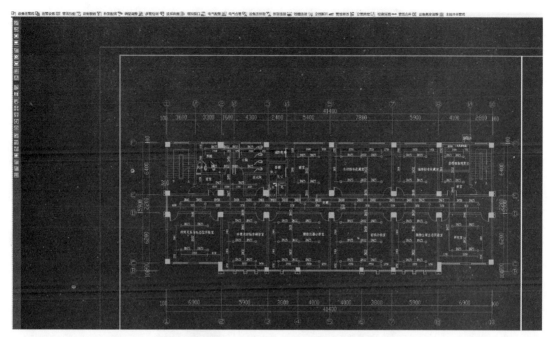

附图 2-26　处理前图纸信息(喷淋)

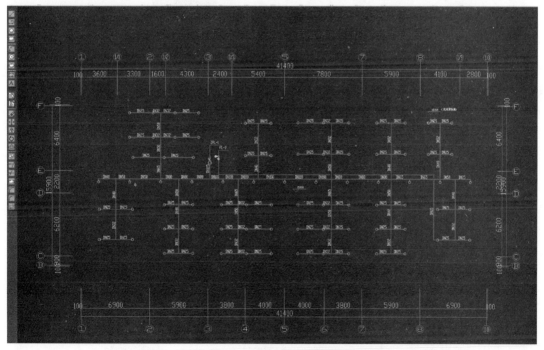

附图 2-27　处理后图纸信息(喷淋)

2.2.3　识别轴网

点击屏幕菜单中"建筑"下"轴网"命令,激活该命令后,根据命令栏提示点击"提取轴线"按钮,软件弹出"轴网识别"对话框,在该对话框中分别进行"提取轴线""提取轴号"操作,完成提取后,点击"自动识别"按钮,软件自动识别完成轴网信息,如附图 2-28 所示。

附图 2-28　轴网识别

2.2.4　识别喷淋头

完成轴网识别操作后,在屏幕菜单中的"水系统"列表下选择"喷淋头"命令,点击辅助布置功能栏中的"识别设备",弹出"识别设备"导航栏,如附图 2-29 所示。

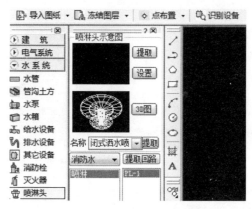

附图 2-29　"识别设备"导航栏

在导航栏中,根据工程实际情况进行设置,主要步骤如下:

①在喷淋头示意图中点击"3D 图"按钮,软件弹出"选择设备图例"对话框,在该对话框中选择喷淋头类型,如附图 2-30 所示。

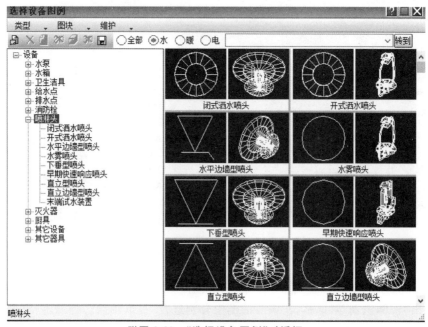

附图 2-30　"选择设备图例"对话框

②确定喷淋头类型后,确定专业、系统、回路信息(消防水、喷淋、PL-1),如附图 2-31 所示。

③设置识别标注(无标注可以把勾选去掉)。

④设置安装高度(2700 mm)参数信息。

⑤完成设置后,点击"提取"按钮,在绘图区中选择喷淋头单个图例图块,右键确认;确定图块位置方向信息,右键确认;框选识别工程量的范围,右键确认。此时当前层所有喷淋头构件均已识别完成。

2.2.5 喷淋管道布置

完成喷淋头设备布置后,接下来识别布置喷淋管道。点击屏幕菜单中的"水系统"列表下"水管"命令,激活该命令后,点击辅助布置功能栏中的"水平识别",弹出"识别水管"导航栏,如附图 2-32 所示。

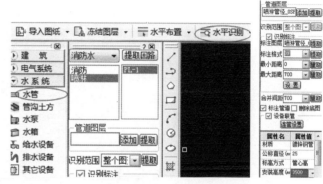

附图 2-31 专业、系统、回路信息   附图 2-32 "识别水管"导航栏

然后在导航栏中,根据工程实际情况进行设置,主要步骤如下:

①在导航栏中"管道图层"下点击"提取"按钮,在绘图区中提取喷淋管道图层信息。

②完成管道图层信息提取后,在"标注图层"下点击"提取"按钮,激活该命令后,在绘图区中提取标注信息。

③完成标注图层信息提取后,在导航栏中设置专业、系统、回路等相关信息,可以按工程需求区分回路,也可在回路编号界面中新建回路编号:消防水、喷淋、PL-1(附图 2-33)。

④属性设置:包括材质,安装高度(3500 mm),连接方式,保温层材料,保温层厚度。

⑤完成设置后,在绘图区框选需要识别的管道,选择完成后鼠标右键确定。此时已经布置完成喷淋管道,如附图 2-34 所示。

⑥喷淋管径。喷淋管道的直径除了通过原位标注来判定外,还需要通过相应的规范(软件已嵌入)来判定。

在辅助菜单栏中点击"喷淋管径"命令,激活该命令后,软件弹出"喷淋管径设置"对话框,如附图 2-35 所示。

在对话框中设置安全级别(轻危险级、中危险级),选中安全级别后,在表格中根据喷淋头的个数来判定喷淋管直径,也可按照工程实际情况修改增加,设置完成后,点击"确定"按钮,根据命令行提示,鼠标左键点击指定喷淋干管,软件通过判断管道上喷淋头的个数来确定管径;若回路中出现环路,需要调整管道无环路后方可正确判定管径。

附图 2-33　新建回路编号

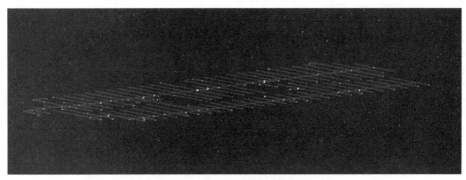

附图 2-34　布置完成的喷淋管道

附图 2-35　"喷淋管径设置"对话框

⑦竖管布置。按照图纸信息完成水平管道布置后,竖向管道通过"立管布置"命令进行连接。点击辅助菜单栏中"水平布置"命令下拉窗口中的"立管布置"命令,如附图 2-36 所示。

附图 2-36　"立管布置"命令的位置

附图 2-37　立管参数设置

激活命令后在导航栏中选择立管的类型,设置立管起点、终点高度,如附图 2-37 所示。

完成参数设置后,在绘图区手动把立管布置上,并通过调整使水平管的中心线与立管中心相连,生成接口。

⑧沟槽卡箍设置。完成管道布置后,根据图纸信息布置沟槽卡箍附件。点击辅助菜单栏"沟槽卡箍设置"命令,激活该命令后,软件弹出"沟槽连接件设置"对话框,如附图 2-38 所示。在该对话框中完成参数设置后,软件自动生成和布置沟槽卡箍,在最终出量就可以看到卡箍的工程量。

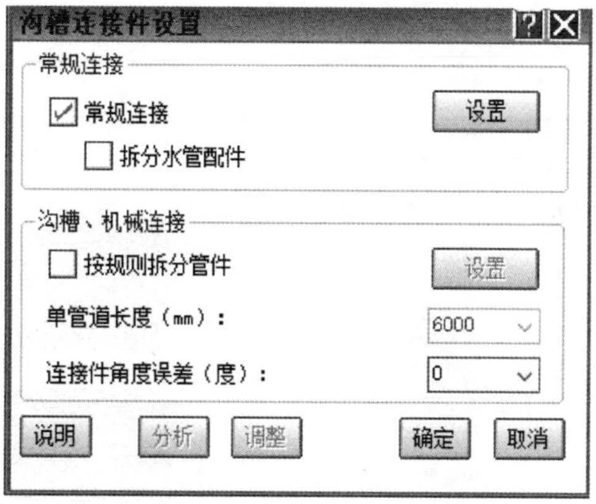

附图 2-38　"沟槽连接件设置"对话框

⑨管道附件布置。点击屏幕菜单中的"水系统"列表下"管道阀门"命令,激活该命令后再点击辅助布置功能栏中的"识别附件"命令,弹出识别管道附件导航栏;在导航栏中,根据工程实际情况进行设置,选择专业、系统、回路(可以按工程需求区分回路,也可在回路编号界面中新建回路编号:消防水、喷淋、PL-1),如附图 2-39 所示。

完成设置后,在导航栏中点击"3D 图"按钮,在"选择附件图例"对话框中选择相对应的 3D 图像,比如水流指示器、闸阀等,点击"确定"按钮,完成附件设备选择,如附图 2-40 所示。

接着在导航栏中确定安装高度按默认值即可,因为阀门的高度会与管道的高度相匹配。在绘图区中提取图纸阀门的图例边线,确定阀门位置和方向,最后框选要识别的范围,完成附

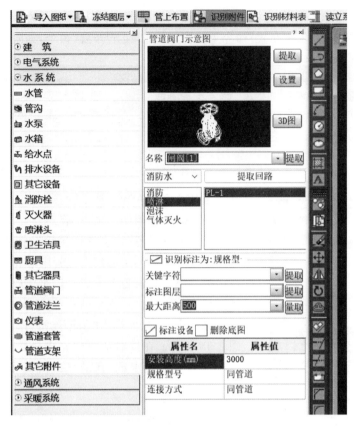

附图 2-39　管道阀门设置

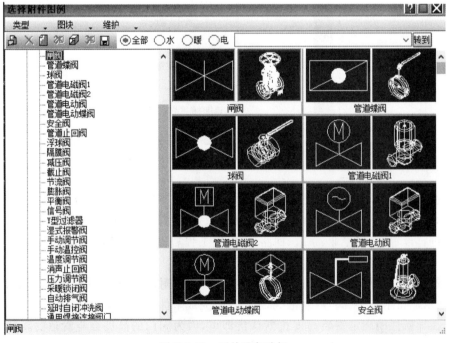

附图 2-40　附件设备选择

件识别布置操作。

　　⑩管道支吊架。完成所有喷淋管道布置后,布置管道支吊架。点击屏幕菜单中的"水系统"列表下"管道支架"命令,激活该命令后,点击辅助布置功能栏中的"自动布置"命令,软件弹出"自动布置"对话框(附图 2-41),在对话框中按照国家规范进行布置(按照规范),或者可以按照指定的条件进行布置(指定条件),完成设置后,点击"确定"按钮,并在绘图区中框选要布置支吊架的管道,完成布置,如附图 2-42 所示。

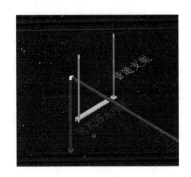

附图 2-41　"自动布置"对话框　　　　　附图 2-42　布置好的管道支架

2.2.6　汇总计算

　　完成喷淋模型创建后,点击"计算汇总"命令,在弹出的"计算汇总"对话框中可以按"分组""专业""楼层""构件"去分析汇总工程量,如附图 2-43、附图 2-44 所示。

附图 2-43　"计算汇总"对话框(喷淋系统)

　　计算完成后,软件会根据工程设置中的清单或者定额规则归并工程量,使用户后期在对数过程中,能清楚地了解工程量与图形的对应关系。

附图 2-44　喷淋系统工程量分析统计

2.3　给排水系统布置

2.3.1　图纸导入

在辅助菜单栏中点击"导入图纸"命令,软件弹出对话框,在对话框中选择相应的图纸。

2.3.2　图纸处理

图纸导入软件后进行图纸处理,对图纸进行分解操作。点击"导入图纸"旁边的下拉窗口,点击"分解图纸",框选图纸并分解。

进行图纸识别前的图纸处理:点击"冻结所选图层",将图纸中的暂时不需要的线条、图层隐藏,如附图2-45、附图 2-46 所示。

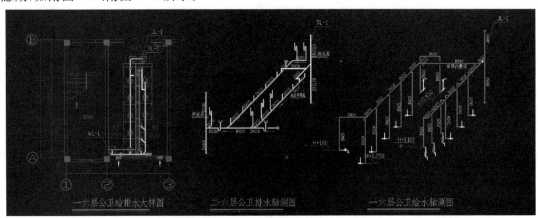

附图 2-45　处理前图纸信息(给排水)

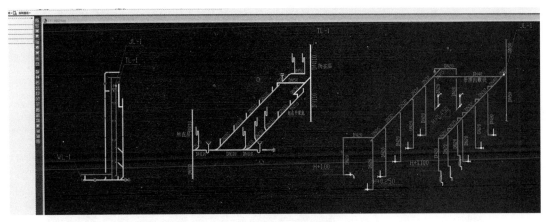

附图 2-46　处理后图纸信息(给排水)

2.3.3　卫生洁具设备布置

根据图纸信息,了解该项目的所需设备,然后点击屏幕菜单中的"水系统"列表下"卫生洁具"命令,激活该命令后,点击辅助布置功能栏中的"识别设备"命令,软件弹出识别设备导航栏,如附图 2-47 所示。

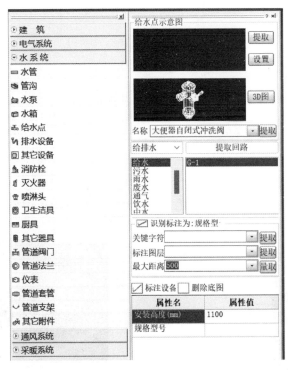

附图 2-47　卫生洁具设置

在导航栏中,根据工程实际情况进行设置,主要分为以下步骤:

①选择 3D 图。在导航栏中点击"3D 图"按钮,软件弹出"选择设备图例"对话框,在对话框中根据图纸所需设备进行选择,如附图 2-48 所示。

②选择专业、系统、回路信息。在导航栏中根据设备从属关系设置专业、系统和回路信息,例如,给排水、污水、WS-1,如附图 2-49 所示。

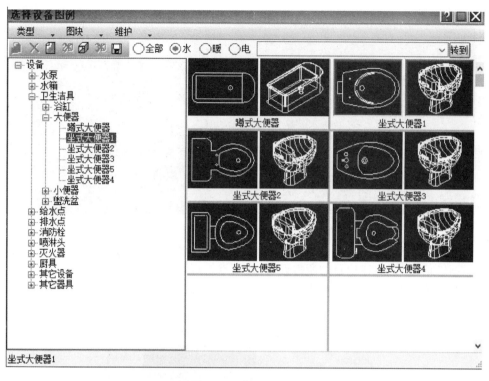

附图 2-48 选择卫生洁具

③识别标注设置。在导航栏中根据图纸信息设置识别标注参数信息,若无标注可以把勾选去掉。

④卫生设备基本参数设置。在导航栏中设置卫生设备属性信息,包括安装高度、规格型号等。

⑤提取布置。完成设置后,在导航栏中点击"提取"按钮,激活命令后,在绘图区中选择相匹配单个图例,右键确定;确定位置方向信息,右键确认;在绘图区中框选识别工程量的范围,右键确认;完成卫生洁具识别布置操作,如附图 2-50 所示。

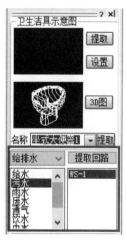

附图 2-49 设置专业、系统、回路信息

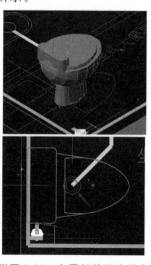

附图 2-50 布置好的卫生设备

2.3.4　给排水管道布置

当卫生设备布置完成后，点击屏幕菜单中的"水系统"列表下"水管"命令，激活该命令后，点击辅助布置功能栏中的"水平识别"命令，弹出识别水管导航栏，如附图 2-51 所示。

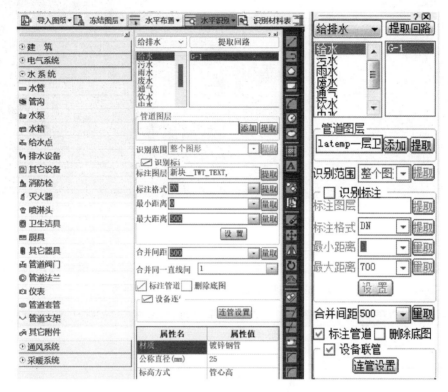

附图 2-51　给排水管道设置

在导航栏中，根据工程实际情况进行设置，主要分为以下步骤：

①专业回路信息设置。在导航栏中设置专业、系统、回路信息，可以按工程需求区分回路，也可在回路编号界面中新建回路编号，如给排水、给水、G-1。

②提取管道图层。在导航栏中"管道图层"下点击"提取"按钮，激活该命令后，在绘图区中提取图纸给水管边线。

③识别标注。在导航栏中"识别标注"下合理设置距管距离参数信息，可以大大提高识别工程量的成功率。

④属性设置。根据图纸信息进行材质，安装高度（同层高），连接方式，保护层材料，厚度等基本参数设置。

⑤识别布置。完成参数设置后，在绘图区中选择图纸中要识别回路的全部边线，右键确认。

⑥设备连管线。当识别水平管线过程中，出现无法生成的立管时，可以通过"设备连管线"功能进行立管生成。

点击辅助菜单栏中"设备连管线"命令，激活该命令后，根据命令行提示，左键依次选择需要连接的设备、管线后，右键确认。布置完成的给排水管道如附图 2-52 所示。

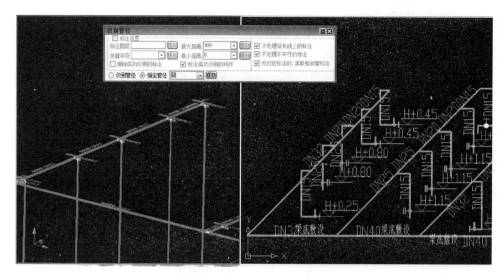

附图 2-52 布置完成的给排水管道

2.3.5 汇总计算

完成模型创建后,点击"计算汇总"命令,在弹出的"计算汇总"对话框中可以按"分组""专业""楼层""构件"去分析汇总工程量,如附图 2-53、附图 2-54 所示。

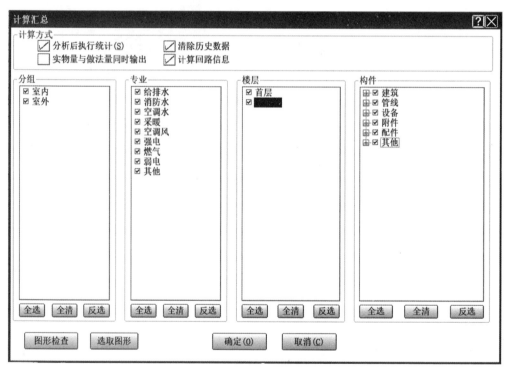

附图 2-53 "计算汇总"对话框(给排水)

计算完成后,软件会根据工程设置中的清单或者定额规则归并工程量,使用户后期在对数过程中,能清楚地了解工程量与图形的对应关系。

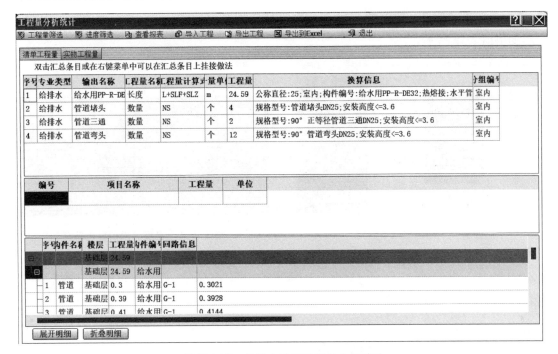

附图 2-54 给排水系统工程量分析统计

2.4 电气照明系统布置

2.4.1 图纸导入和处理

在软件中点击"导入图纸"按钮,在弹出的对话框中选择相应图纸并导入。图纸导入后,进行图纸定位。在命令行中输入"0,0",把图纸定位在原点位置。

图纸导入软件后进行图纸处理,对图纸进行分解操作。点击"导入图纸"旁边的下拉窗口,点击"分解图纸",框选图纸并分解。

完成图纸分解后,需要对图纸进行识别前处理。点击"冻结所选图层",将图纸中的暂时不需要的线条、图层隐藏。

2.4.2 电气照明模型创建

(1)电气设备的识别

完成图纸处理后,识别配电箱柜。点击屏幕菜单下"电气系统"中"配电箱柜"命令,点击辅助布置功能栏中的"识别设备"命令,软件弹出识别设备导航栏,如附图 2-55 所示。

在导航栏中,根据工程实际情况进行设置,主要步骤如下:

①点击菜单栏中"配电箱柜示意图"旁"提取"按钮,并在图中选择相应配电箱,提取配电箱图例;

②在菜单栏中选择专业、系统、回路信息(强电、照明、N1);

③识别标注设置:关键字符(AL)、标注图层、最大距离(2400);

④设置安装高度(1800 mm)参数信息;

⑤确定好配电箱的规格大小;

⑥鼠标左键在绘图区域中提取配电箱图例图块,选择完成后点击鼠标右键确认,然后再次鼠标右键确定图块位置方向信息;

⑦完成单个图例设备识别后,框选识别工程量的范围,右键确认,完成配电箱柜识别布置操作,如附图 2-56 所示。

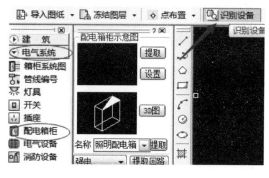

附图 2-55　配电箱柜导航栏

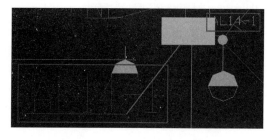

附图 2-56　布置完成的配电箱柜

完成配电箱柜识别布置后,接下来识别布置插座、开关等控制设备。点击屏幕菜单中的"电气系统",选择"插座",点击辅助布置功能栏中的"识别设备"命令,弹出识别设备导航栏,如附图 2-57 所示。

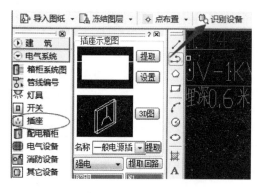

附图 2-57　插座导航栏

在导航栏中,根据工程实际情况进行设置,主要步骤如下:

①在"插座示意图"中点击"提取"按钮,在图中选择相应插座,提取插座图例。

②在列表中选择专业、系统、回路信息(强电、插座、CZ)。

③识别标注设置、关键字符(如设计图中插座图例带有 C,R,Y 等文字的标注)、标注图层、最大距离(700)。

④设置安装高度(2000 mm,按无标注的设备高度设置)。

⑤在绘图区中提取插座图例图块,右键确认;确定图块位置方向信息,右键确认。

⑥在绘图区中框选识别工程量的范围,右键确认(若因图块的比例导致设备没有识别,重新提取图例图块,再次识别)。

⑦识别完成后,对不同类型的设备进行高度调整。通过右键构件查询功能,分别把 C,R,Y 的设备筛选出来,修改安装高度,如附图 2-58 所示。

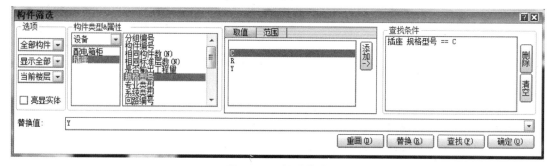

附图 2-58　构件筛选

完成控制设备布置后,接下来布置灯具等其他设备。点击屏幕菜单中的"电气系统"命令,选择"灯具",点击辅助布置功能栏中的"识别材料表"按钮,弹出"设备识别"对话框(附图2-59),在对话框中点击"提取表格"按钮,在绘图区中框选图例表信息。

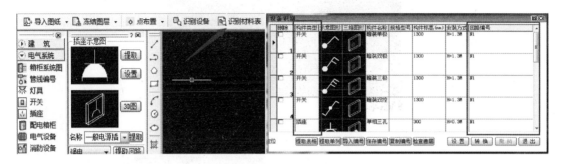

附图 2-59　识别材料表

把图纸中的图例表提取到表格后,再对对话框中表头进行设置,对已经识别过的设备进行删除(附图2-60)。

然后对表格中构件类型与回路编号进行调整,设置完后,回到附图2-59。点击"转换"按钮,并在绘图区域中框选整个图纸,完成灯具等设备的识别布置操作(附图2-61)。

识别设备规格表

删	匹配	图例	*设备名称	安装高度
		图例	*设备名称	安装高度
☑	1	▭	照明配电箱	H=1.8M
☐	2	↗	暗装单极开关	H=1.3M
☐	3	↗	暗装双极开关	H=1.3M
☐	4	↗	暗装三极开关	H=1.3M
☐	5	↗	暗装双控单极开关	H=1.3M
☐	6	⊥	单相三孔及二孔插座	H=0.3M
☑	7	⊥	单相三孔带开关插座	H=2.0M
☑	8	C	单相三孔及二孔插座	H=1.2M
☑	9	R	单相三孔带开关防水插	H=2.3M
✎☑	10	Y	单相三孔插座(抽排)	H=2.0M
☐	11	⊥	单相三孔及二孔防溅插	H=1.4M
☐	12	⊥	单相三孔防溅插座(排)	H=2.3M
☐	13	●	吊 灯	吸顶安装
☐	14		室内壁灯	H=2.4M
☐	15		室外壁灯(防水型)	H=2.6M
☐	16	●	吸顶灯	吸顶安装
* ☐				

列转表头　设 置(X)　导入xls(V)　导出xls(B)

附图 2-60　调整识别的表格

(2)电气线管布置

线管布置前应先识读电气施工图纸相关信息,按照系统图原理读取系统图信息,快速布置完成电气线管模型。

读取系统图的基本流程为依次点击"电气系统"—"箱柜系统图"—"读系统图"。

①读取系统图信息。在屏幕菜单栏中"电气系统"列表下点击"箱柜系统图"命令,然后在辅助菜单栏中点击"读系统图"命令,如附图2-62所示。

根据命令行的提示,在绘图区中鼠标左键点击主箱编号信息,完成后鼠标右键确定。

附图 2-61　完成识别布置后的灯具

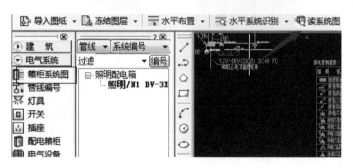

附图 2-62　读取系统图

　　在弹出的对话框中点击"提取全部文字"按钮,在绘图区中框选系统图中的管线编号等信息;框选完成后,鼠标右键确定,完成读取(附图 2-63)。

主箱编号	删除	管线名称	线类型	线编号	线根数	管类型	管编号	系统类型	回路编号	负荷名称
AL14-1,2配电箱	☐	BV-3X2.5+PC20 CC	电线	BV-2.5	3	配管	PC20	照明	N1	照明
	☐	BV-3X4+PC20 FC	电线	BV-4	3	配管	PC20	插座	N2	插座
	☐	BV-3X4+PC20 FC	电线	BV-4	3	配管	PC20	插座	N3	插座
	☐	BV-3X4+PC20 CC	电线	BV-4	3	配管	PC20	插座	N4	插座
	☐	BV-3X4+PC20 CC	电线	BV-4	3	配管	PC20	照明	N5	空调
	☐	BV-3X4+PC20 CC	电线	BV-4	3	配管	PC20	照明	N6	空调
	☐	BV-3X4+PC20 CC	电线	BV-4	3	配管	PC20	照明	N7	空调
	☐	BV-3X4+PC20 CC	电线	BV-4	3	配管	PC20	照明	N8	空调
	☐	BV-3X4+PC20 CC	电线	BV-4	3	配管	PC20	照明	N9	空调
	☐	BV-3X4+PC20 CC	电线	BV-4	3	配管	PC20	照明	N10	空调

系统编号的识别　提示:必须要有管线名称和回路编号;对于不能提取的管线,请点击下面的"文字高级设置"按钮,在文字高级设置对话框中添加所需的线和管名称;在原有数据基础上添加文字请双击单元格,刷新数据请点击提取单格文字。

文字高级设置　提取全部文字　提取单列文字　提取单格文字　添加文字　提取主箱文字　　导入xls　导出xls　确定　退出

附图 2-63　系统编号识别

　　读取完成后,在导航栏中就会显示工程的管线信息(附图 2-64)。

　　②识别设置线管。点击屏幕菜单中的"电气系统"下选择"箱柜系统图"命令,然后点击辅助布置功能栏中的"单回路识别"命令(附图 2-65),此时软件弹出识别系统导航栏,如附图2-66所示。

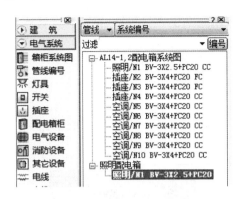

附图 2-64　导航栏中的管线信息　　　　　　附图 2-65　"单回路识别"命令

在导航栏中,根据工程实际情况进行设置,主要步骤如下:

在导航栏中点击提取图纸管线边线中"提取"按钮,激活命令后在绘图区中提取线管图层信息。

提取完成后,再次回到导航栏设置合并间距(图纸中管线线条断开的范围值),可以大大提高识别工程量的成功率。

点击"连管设置",在界面中设置水平管与设备的连接参数。"生成立管的判定方式"有专业、系统、回路等不同类型,"立管生成设置"可以对生成立管的规格参数进行设置(附图2-67)。

属性设置:敷设方式、安装高度。

③识别布置线管。当把线管信息提取到软件后,接下来进行识别布置。在辅助菜单栏中点击"单回路识别",利用软件智能搜索回路中的管线,对管线进行识别。

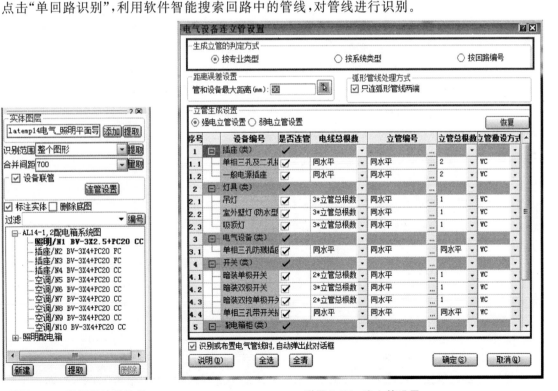

附图 2-66　识别系统导航栏　　　　　　　　附图 2-67　连立管设置

激活命令后,在绘图区中选择图纸要识别回路的其中一根边线,鼠标右键确认,软件会进行回路边线搜索,再次右键确认完成识别。

完成一个回路后,接着选择另外一个回路,重复操作直至识别全部完成。

④设备连管线调整。线管和设备布置完成后,若识别水平管线过程中,出现无法生成立管情况时,可以通过"设备连管线"功能进行立管生成。

在辅助菜单栏中点击"设备连管线"命令,根据命令行提示,左键依次选择需要连接的设备、管线后,右键确认连接,如附图2-68所示。

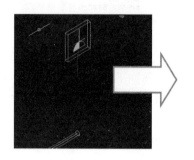

附图 2-68　立管的生成

⑤管线互配。若出现软件中线管根数与图纸不匹配,可通过"管线互配"命令对管线的规格进行单独的修改。

在辅助菜单栏中点击"管线互配"命令,激活命令后软件弹出对话框,在对话框中设置管线信息(附图2-69),设置完成后,在绘图区中选择电线配管需要替换的管线,选择完成后鼠标右键完成调整。

⑥识别根数。若出现电线根数不满足要求,软件提供"识别根数"命令进行批量调整。

点击辅助菜单栏中"识别根数"命令,激活命令后,在绘图区中提取线管图层信息,完成操作后,在对话框中选择通过"识别根数"方式,对管线的电线根数进行调整,对"标注设置"进行设置(附图2-70),框选要修改的管线和根数标注,右键确认。

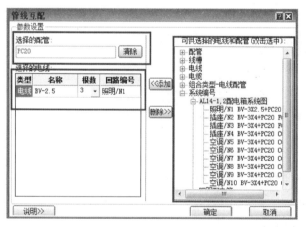

附图 2-69　管线互配

附图 2-70　识别根数

若只需要对单独一段线管进行调整,在该对话框中选择通过"指定根数"命令,手动指定管线根数,设置完成后在绘图区中选择线管,鼠标右键确定完成调整。

（3）自动布置接线盒

电气设备、线管、控制设备、灯具等布置完成后，接下来布置接线盒设备。其布置流程为依次点击"电气系统"—"接线盒"—"自动布置"。

点击屏幕菜单栏中"电气系统"列表下的"接线盒"命令，激活命令后，软件弹出"图库管理"对话框，如附图 2-71 所示。

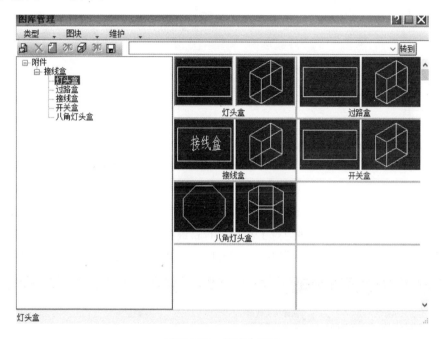

附图 2-71　接线盒图库

完成选择后，在辅助菜单栏中点击"自动布置"命令（附图 2-72）。

附图 2-72　"自动布置"命令

激活命令后软件自动弹出"接线盒的自动生成"对话框（附图 2-73），在对话框中，勾选设置要生成的接线盒。同时接线盒可以通过多楼层布置，在"楼层选择"中多选楼层，点击"确定"完成布置。

2.4.3　汇总计算

按照图纸信息完成所有电气照明系统设备和线管布置后，接下来进行汇总计算操作。

（1）回路核查

点击"回路核查"功能，软件会及时对工程量进行汇总计算。在该界面中（附图 2-74），点击要核查的专

附图 2-73　"接线盒的自动生成"对话框

业类型，在回路数据中可以看到构件名称、实物量汇总、工程量计算式，以及相应的明细工程量。同时在对数过程中，点击"构件明细"中的实物量数据，即可直接跳转到模型中的相应电气管段，直观明确。

附图 2-74　回路核查

（2）分析汇总

激活"计算汇总"命令后，软件会对工程量进行最终汇总分析计算，弹出"计算汇总"选择界面，在对话框中可以按"分组""专业""楼层""构件"去分析汇总工程量（附图 2-75、附图 2-76）。

附图 2-75　"计算汇总"对话框（电气照明系统）

计算完成后，软件会根据工程设置中的清单或者定额规则归并工程量。

（3）报表打印

完成工程量计算后，软件输出工程量结果报表（附图 2-77）。在汇总计算结果界面中，根据用户的需求提供了常用的报表，并能对报表进行保存 Excel、打印等操作。

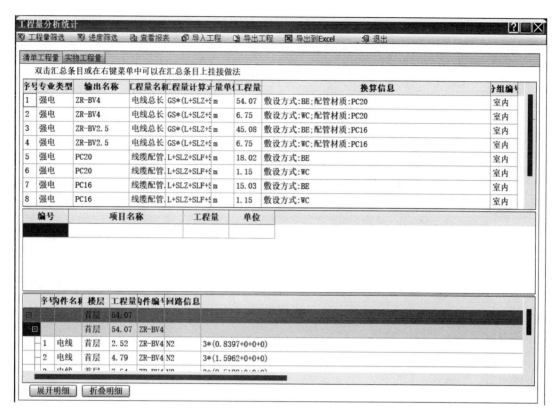

附图 2-76　电气照明系统工程量分析统计

附图 2-77　工程量汇总表

2.5　通风空调系统布置

2.5.1　图纸导入

在辅助菜单栏中点击"导入图纸"命令,软件弹出对话框,在对话框中选择相应的图纸,如附图 2-78 所示。

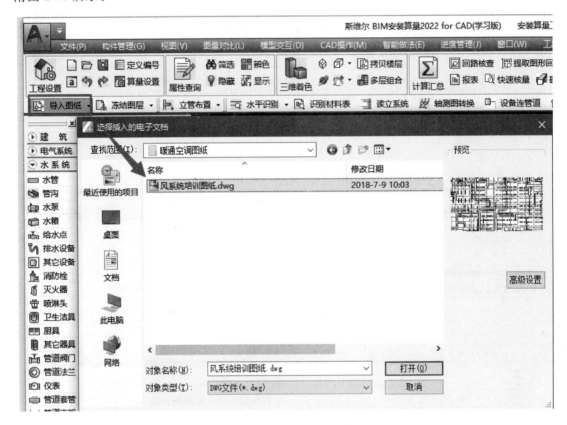

附图 2-78　导入通风空调系统图纸

2.5.2　图纸处理

图纸导入软件后进行图纸处理,对图纸进行分解操作。点击"导入图纸"旁边的下拉窗口,点击"分解图纸",框选图纸并分解。

进行图纸识别前的图纸处理:点击"冻结所选图层",将图纸中的暂时不需要的线条、图层隐藏,如附图 2-79、附图 2-80 所示。

2.5.3　通风设备布置

点击屏幕菜单中的"通风系统"列表下"风机盘管"命令,激活该命令后,点击辅助布置功能栏中的"识别设备"命令,弹出识别设备导航栏,如附图 2-81 所示。

在导航栏中,根据工程实际情况进行设置,主要步骤如下:

①选择 3D 图。点击"设备导航栏"中"3D 图"按钮,软件弹出"选择设备图例"对话框,在对话框中选择相应设备图例,如附图 2-82 所示。

②选择专业、系统、回路信息。在导航栏中根据设备从属关系设置专业、系统和回路信息,例如,空调风、送风、SF(附图 2-83)。

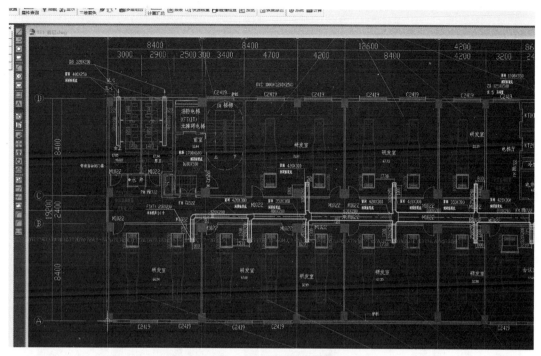

附图 2-79 处理前图纸信息（通风空调系统）

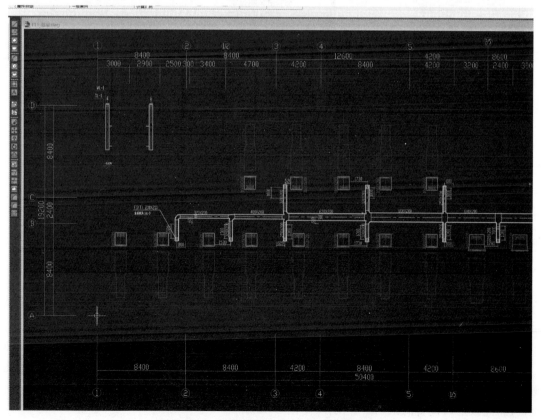

附图 2-80 处理后图纸信息（通风空调系统）

附图 2-81　风机盘管识别

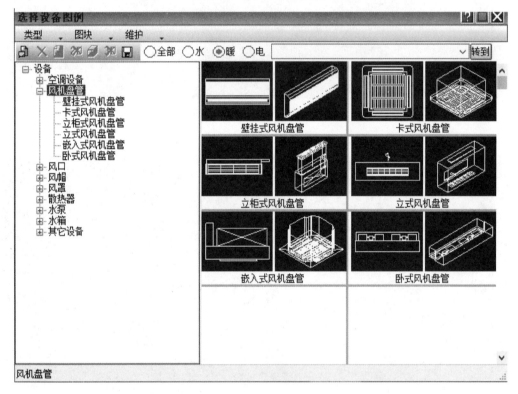

附图 2-82　风机盘管图例

　　③识别标注设置。在导航栏中根据图纸信息设置识别标注参数信息,若无标注可以把勾选去掉。

　　④设备基本参数设置。在导航栏中设置设备属性信息,包括安装高度、规格型号等。

　　⑤提取布置。在导航栏中点击"提取"按钮,激活命令后,在绘图区中选择相匹配单个图例,右键确认;确定通风设备的方向信息后,右键确认;在绘图区中框选识别工程量的范围,右键确认;完成通风设备的识别布置操作(附图 2-84)。

附图 2-83　风机盘管专业、
系统、回路设置

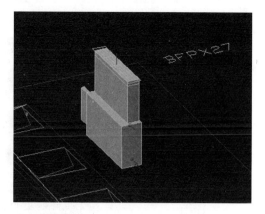

附图 2-84　完成识别布置的通风设备

2.5.4　风口布置

点击屏幕菜单中的"通风系统"列表下"风口"命令,激活该命令后,点击辅助布置功能栏中的"识别设备"命令,软件弹出识别设备导航栏(附图 2-85)。

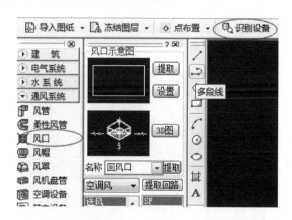

附图 2-85　风口识别

在导航栏中,根据工程实际情况进行设置,主要步骤如下:

①选择 3D 图。点击"设备导航栏"中"3D 图"按钮,软件弹出"选择设备图例"对话框,在对话框中选择相应设备图例,如附图 2-86 所示。

②选择专业、系统、回路信息。在导航栏中根据设备从属关系设置专业、系统和回路信息,例如,空调风、送风、SF。

④识别标注设置。在导航栏中根据图纸信息设置识别标注参数信息,若无标注可以把勾选去掉。

⑤设备基本参数设置。在导航栏中设置设备属性信息,包括安装高度、规格型号等。

⑥提取布置。在导航栏中点击"提取"按钮,激活命令后,在绘图区中选择相匹配单个图例,右键确认。确定方向信息后,右键确认;在绘图区中框选识别工程量的范围,右键确认;完成风口识别布置操作(附图 2-87)。

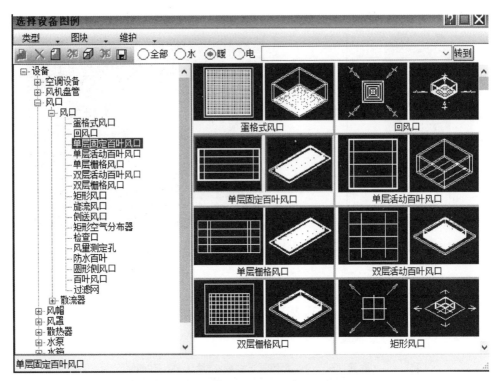

附图 2-86 风口图例

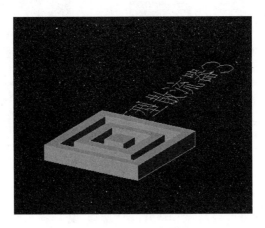

附图 2-87 完成识别布置的风口

2.5.5 风管布置

点击屏幕菜单中的"通风系统"列表下"风管"命令,激活该命令后,点击辅助布置功能栏中的"单回路识别"命令,弹出识别风管导航栏,如附图 2-88 所示。

在导航栏中,根据工程实际情况进行设置,主要步骤如下:

①选择专业、系统、回路信息。在导航栏中按工程需求区分回路,如空调风、送风、SF。

②提取图纸风管边线。点击风管导航栏中"边线图层"的"提取"按钮,激活后在绘图区选择风管边线信息。

③提取标注信息。点击风管导航栏中"识别标注"下"标注图层"旁"提取"按钮,在绘图区中提取标注信息。

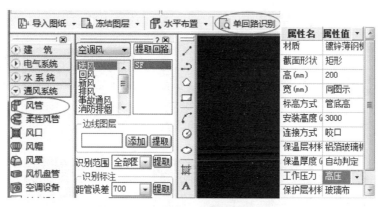

附图 2-88　风管识别

④属性设置。点击"风管导航栏"设置材质、截面形状、高、宽、标高方式、安装高度、连接方式、保温层材料、保温厚度、工作压力、保护层材料等参数信息。

⑤识别。完成属性参数设置后,点击辅助菜单栏中"单回路识别"按钮,激活该命令后,在绘图区中选择回路的其中一根边线(附图 2-89),右键确定,软件会进行回路边线搜索,搜索完成后再次按右键确定,完成识别(附图 2-90)。

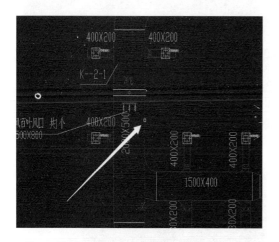

附图 2-89　点选风管的一根边线

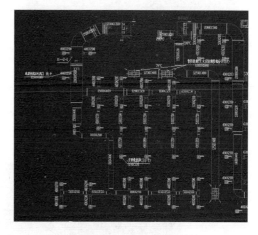

附图 2-90　识别后的风管

2.5.6　风管连接

通过单回路识别与单选识别风管后,软件会自动根据风管线条,生成风管连接件。若出现风管无连接的情况,就要使用"风管连接"命令,生成风管连接件,同时也能对风管连接件的类型进行设置。

点击辅助菜单栏中"风管连接"命令,激活该命令后,软件弹出"风管连接"对话框,在该对话框中点击"风管设置"按钮,进入"风管连接件统一设置"界面进行参数设置(附图 2-91),设置完成后点击"确定"按钮,在绘图区中选择需要连接的风管(附图 2-92),右键确定完成连接操作(附图 2-93)。

如风管与风管是垂直的状态,可以利用风管的中心线,进行拖拉中线夹点操作,生成连接件(附图 2-94)。

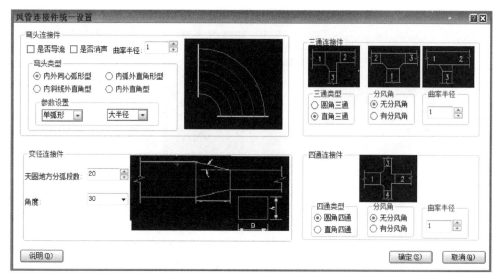

附图 2-91 "风管连接件统一设置"界面

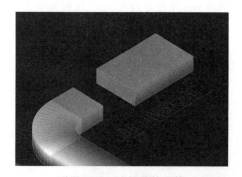

附图 2-92 连接前的风管

附图 2-93 连接后的风管

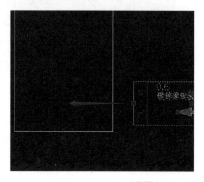

附图 2-94 风管的拖拉连接

2.5.7 风管调整

（1）绕梁调整

如不同回路出现风管碰撞，那就需要对风管进行绕梁的操作。

在辅助菜单栏中点击"绕梁调整"命令，激活该命令后，软件弹出"绕梁调整"对话框，在对话框中设置绕梁调整的尺寸条件，设置完成后在绘图区中左键点击需要调整的风管，右键确定，如附图 2-95 所示。

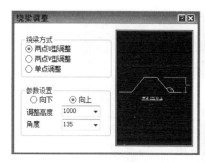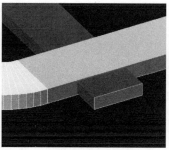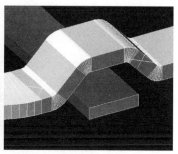

附图 2-95　风管的绕梁调整

（2）管连风口

若出现风管底高度与风口高度不一致的情况,需要生成风管与风口的连接竖管。

点击辅助菜单栏中"管连风口"命令,激活该命令后,软件弹出"管连风口"对话框,在对话框中设置管连风口的尺寸条件,完成设置后在绘图区左键点击主风管,右键确认;左键点击需要连接的风口,右键确认,完成风管与风口的连接,如附图 2-96 所示。

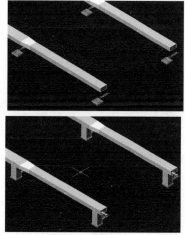

附图 2-96　风管与风口的连接

（3）设备连风管

若出现风管与设备无连接的情况,需要风管与设备的连接件。

点击辅助菜单栏中"设备连风管"命令,激活该命令后,根据命令栏提示选择需要连接的设备、风管,弹出"设备连风管"对话框,在对话框中设置连接件的类型、接口尺寸、连接误差(设备接口与风管偏差值,设备接口与风管距离范围)、设备风管高差范围。以上设置完成后点击"确定"按钮,接着在绘图区中选择所需调整管道和设备,右键确认,生成连接件,如附图 2-97 所示。

（4）竖管布置

若风管与设备有较大高差,需要生成竖向连接管道。

在辅助菜单栏中点击"立管布置"命令,激活该命令后,软件弹出"材质库"对话框,在对话框中设置风管材质信息,如附图 2-98 所示。

附图 2-97　风管与设备的连接

附图 2-98　立管材质设置

完成设置后,在属性中设置起点高度和终点高度(附图 2-99),鼠标点击布置,完成布置。

2.5.8　风管附件布置

点击屏幕菜单"风管阀门"命令,激活命令后,在辅助菜单栏中点击"识别附件"命令,软件弹出风管阀门导航栏。

在弹出的导航栏中,根据识别的附件的参数进行设置;完成设置后,选择要识别的阀门图块,确定定位和方向,并在绘图区中框选要识别的范围,完成阀门的识别。

2.5.9　风管支吊架布置

点击屏幕菜单下"通风系统"列表下"风管支吊架"命令,激活该命令后,点击辅助菜单栏中"自动布置"命令,软件弹出"自动布置"对话框(附图 2-100),在对话框中,可以按照国家规范进行布置(按照规范),或者可以按照指定的条件进行布置(指定条件),完成设置后点击"确定"按钮,并在绘图区中框选风管构件,右键确定,完成风管支吊架布置,如附图2-101所示。

附图 2-99

附图 2-100　"自动布置"对话框

附图 2-101　布置好的风管支吊架

2.5.10　汇总计算

激活"计算汇总"命令后,软件就会对工程量进行最终汇总分析计算;软件弹出"计算汇总"选择界面,在对话框中可以按"分组""专业""楼层""构件"去分析汇总工程量,如附图 2-102、附图 2-103 所示。

计算完成后,软件会根据工程设置的清单或者定额规则归并工程量。

2.5.11　报表打印

完成工程量计算后,软件输出工程量结果报表。在汇总计算结果界面中(附图 2-104),根据用户的需求提供了常用的报表,并能对报表进行保存 Excel、打印等操作。

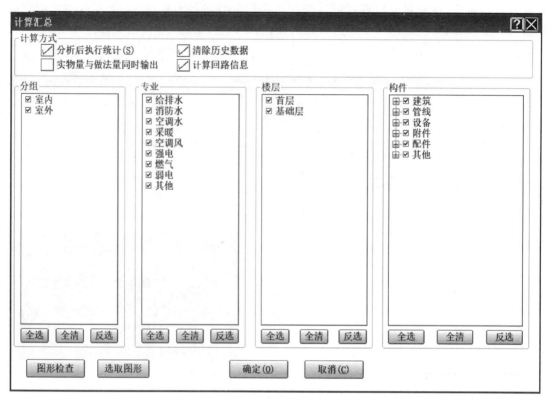

附图 2-102 "计算汇总"对话框(通风空调系统)

工程量分析统计

工程量筛选 查看报表 导入工程 导出工程 导出到Excel 退出

清单工程量 实物工程量

双击汇总条目或在右键菜单中可以在汇总条目上挂接做法

序号	专业类型	输出名称	工程量名称	工程量计算式	计量单位	工程量	换算信息
1	空调风	风管	风管表面积(m2	iif(JMXZ=矩形, 0,	m2	398.70	镀锌薄钢板:矩形:咬口:壁厚:1:大边长>1000;
2	空调风	风管保温层	风管保温层体积	iif(JMXZ=矩形, 2*	m3	6.69	镀锌薄钢板:保温层材料:铝箔玻璃棉毡;
3	空调风	风管	风管表面积(m2	iif(JMXZ=矩形, 0,	m2	42.62	镀锌薄钢板:矩形:咬口:壁厚:1:大边长>1000;
4	空调风	风管保温层	风管保温层体积	iif(JMXZ=矩形, 2*	m3	0.79	镀锌薄钢板:保温层材料:铝箔玻璃棉毡;
5	空调风	风管	风管表面积(m2	iif(JMXZ=矩形, 0,	m2	82.05	镀锌薄钢板:矩形:咬口:壁厚:1:大边长>1000;
6	空调风	风管	风管表面积(m2	iif(JMXZ=矩形, 0,	m2	74.69	镀锌薄钢板:矩形:咬口:壁厚:1:大边长>1000;
7	空调风	风管保温层	风管保温层体积	iif(JMXZ=矩形, 2*	m3	1.26	镀锌薄钢板:保温层材料:铝箔玻璃棉毡;
8	空调风	风管	风管表面积(m2	iif(JMXZ=矩形, 0,	m2	38.77	镀锌薄钢板:矩形:咬口:壁厚:1:大边长>1000;

编号	项目名称	工程量	单位

	序号	构件名称	楼层	工程量	构件编号	回路信息	计算表达式
⊟			首层	650.027			
⊞			首层	13.193	镀锌薄钢板		
⊞			首层	38.772	镀锌薄钢板		
⊞			首层	74.692	镀锌薄钢板		
⊞			首层	82.048	镀锌薄钢板		
⊞			首层	42.622	镀锌薄钢板		
⊞			首层	398.700	镀锌薄钢板		

附图 2-103 通风空调系统工程量分析统计

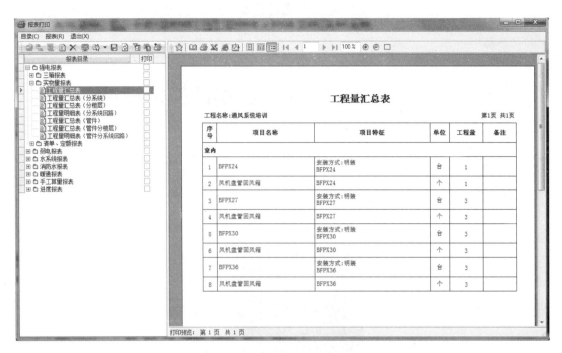

附图 2-104 通风空调系统工程量汇总表

附录三　博奥清单计价软件使用指南

1. 新建工程

运行博奥云软件，打开云计价，如附图 3-1 至附图 3-3 所示。

附图 3-1　博奥云软件图标　　　　　　　　　　附图 3-2　登录界面

附图 3-3　打开云计价

在弹出的"工程档案管理"窗口选择【新建】、【单位工程[F7]】(附图 3-4)。

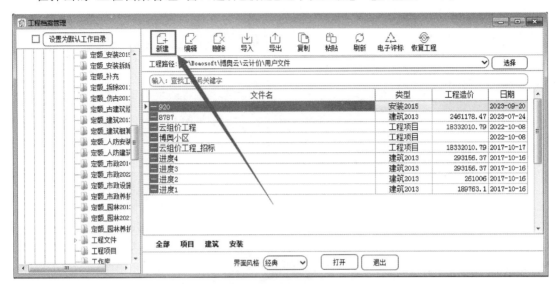

附图 3-4　"工程档案管理"窗口

在弹出的"[新建]工程档案…"窗口中依次填写【工程号】、【工程编号】、【工程名称】,"定额规则"处选择【安装 2015】,专业类别根据实际情况选取,此处选择【电气工程】;根据图纸实际情况选择招投标类型,填写"编制信息"等其他基本工程资料。填写完成后,选择计税方式,点击下方【存盘】按钮,即可完成新建工程(附图 3-5)。

附图 3-5　设置信息,完成新建工程

在"工程档案管理"窗口中,选中新建好的工程文件,双击或点击【打开】,即可打开工程,进入博奥云软件工作的初始界面(附图3-6)。

附图3-6　博奥云软件工作初始界面

2. 输入清单、定额与工程量

如需输入工程量计算式,可单击界面切换栏的【算式算量】工作窗口,所有的安装工程量计算式均可以在该工作窗口中输入(附图3-7)。

附图3-7　【算式算量】窗口输入工程量计算式

注:清单项及定额对应的工程量计算式也可以在【分部分项】工作窗口中的【算式工程量】栏输入(附图3-8)。【算式算量】工作窗口中,默认有两行标志为【类】的文字,不要删除这两行

默认数据。

附图 3-8　【算式工程量】栏输入工程量计算式

在"类——分部分项项目"下方空白行的【工程量注释】所在列的方格中双击或单击该方格的最右端,即可打开【索引库】窗口,如附图 3-9 所示。

附图 3-9　【索引库】窗口

　　根据实际工程情况,选择相应的"定额分部工程"。此处选择【B4 电气设备安装工程】,点击下方【送出】按钮,或者双击该数据行即可送出。

　　在【索引库】左边的索引目录栏,依次点开【项目库】、【03 通用安装工程】、【0304 电气设备安装工程】、【030404 控制设备及低压电器安装】,并选择【030404 控制设备及低压电器安装】,在右边弹出的数据中拉动滚动条找到"030404034 照明开关",选择"030404034 照明开关"行,双击即可送出(附图 3-10)。

附图 3-10 送出清单

　　在【索引库】左边的索引目录栏,依次点开【定额库】、【B4 电气设备安装工程】、【第四章 控制设备与低压电器】、【二十五、开关、按钮、插座安装】,选择【1. 开关及按钮】,并在右边弹出的数据窗口中找到"B4-0412 开关、按钮、插座安装 开关及按钮 跷板暗开关(单控)单联",选中该条定额,双击送出(附图 3-11)。

　　以上是在博奥云软件中查找并选用清单子目与定额子目的基本方法。套取清单子目及定额子目完成后,关闭【索引库】窗口。

　　在项目行与定额行下方,单击右键选择"插行"或按组键"Ctrl+N"插入行分别新增一行空白行,在空白行分别填上工程量"120"或对应的计算式后按回车键(附图 3-12)。

　　完成清单、定额及工程量输入后,在软件右边的功能导航栏,单击【编码】按钮,软件即可自动补全 12 位清单编码,并自动编好相应序号。

附图 3-11　送出定额

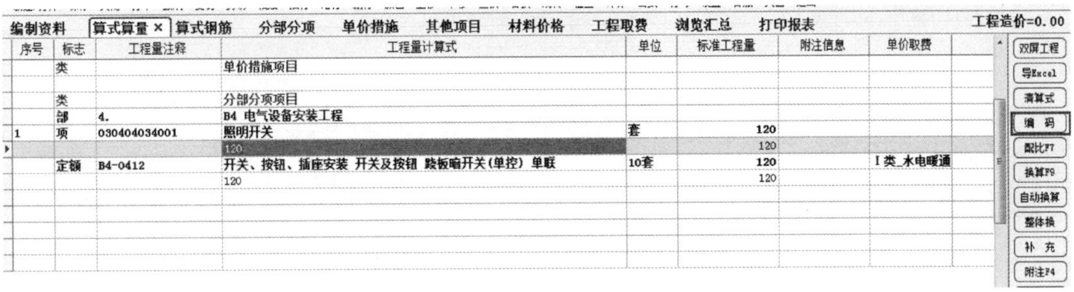

附图 3-12　手动输入清单、定额及工程量

3．主材价格输入

在【算式算量】窗口中，选中要输入主材价格的定额，打开子目信息栏的【定额工料机】，并在相应主材一栏的【除税基价】处，输入该主材的信息价格"5.52"，即可完成主材价格的输入（附图 3-13）。

注：“分部分项”窗口的主材价格输入方式也一样。

4．传送数据到【分部分项】窗口

所有内容输入完成后，单击工具栏的【计算】按钮计算，计算完成后点击右边功能导航栏的【传送】按钮，把内容传送到【分部分项】工作窗口，再次计算即可按照工程的默认取费算出工程总价（附图 3-14）。

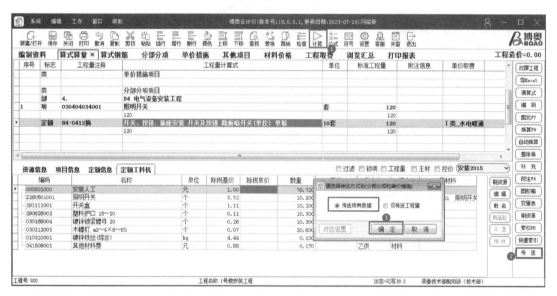

附图 3-13　主材价格输入

附图 3-14　传送数据

5.工程取费

需要调整费率值时,切换到【工程取费】窗口。若需要修改取费格式,则单击窗口右边的【重建】按钮,在弹出的窗口选择对应的取费格式,再单击【新建表】,在弹出的"费率选择"窗口输入相应的费率值(附图 3-15),也可以直接单击【自动取值】按钮,快速按软件默认的中限值自动输入费率值;若按默认的取费格式但需要修改费率值时,可单击右边的【取费率】按钮,在弹出的"费率选择"窗口输入相应的费率值(附图 3-16)。完成"综合单价取费"及"专业工程取费"后,单击窗口的【保存】即可。

注:软件默认的取费格式是"清单法投标格式",默认的管理费和利润的费率取值是中限值。自动取值是按中限值设定系数,适用于招标控制价计算,若企业投标需要改变系数,可以

自己录入相应的系数并保存。

附图 3-15　修改取费格式及费率值

附图 3-16　只修改费率值

6. 高层建筑增加费与脚手架工程费的输入

在【分部分项】窗口中,点击右边【设系数】按钮,在弹出的窗口中,根据工程情况,双击选择相应的脚手架工程费和高层建筑增加费后,点击【设置措施系数】即可完成相应的系数设置(附图 3-17)。

附图 3-17　高层建筑增加费与脚手架工程费的输入

　　所有内容输入完成、措施费设置完成后,点击工具栏的【计算】按钮,即可得到最后的工程总价,此时可以到【打印报表】窗口预览各相关表格计算好后的数据,并打印相应的计价文件(附图 3-18)。

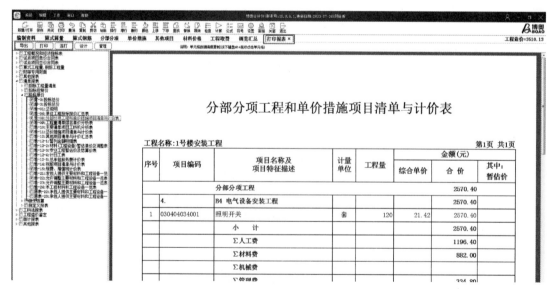

附图 3-18　打印报表

　　注:学习版软件不支持打印功能,同时数据计算也不正确。

参 考 文 献

［1］住房和城乡建设部,国家质量监督检验检疫总局.建设工程工程量清单计价规范:GB 50500—2013［S］.北京:中国计划出版社,2013.

［2］住房和城乡建设部.通用安装工程工程量计算规范:GB 50856—2013［S］.北京:中国计划出版社,2013.

［3］广西壮族自治区建设工程造价管理总站.广西壮族自治区安装工程消耗量定额(2015年版)［M］.北京:中国建材工业出版社,2015.

［4］祝连波.安装工程预算编制必读［M］.2 版.北京:中国建筑工业出版社,2015.

［5］韦宇.安装工程预算.智慧职教. https://zyk.icve.com.cn/courseDetailed? id＝8t7akvkbzhx4ya1j1mug.